AF514646

Jan Marc Otterbach

Ein Beitrag zur Entwicklung eines portablen Systems zur bewegungsinduzierten Wirbelstromprüfung

Ein Beitrag zur Entwicklung eines portablen Systems zur bewegungsinduzierten Wirbelstromprüfung

Jan Marc Otterbach

Universitätsverlag Ilmenau
2020

Impressum

Bibliografische Information der Deutschen Nationalbibliothek
Die Deutsche Nationalbibliothek verzeichnet diese Publikation in der Deutschen Nationalbibliografie; detaillierte bibliografische Angaben sind im Internet über http://dnb.d-nb.de abrufbar.

Diese Arbeit hat der Fakultät für Maschinenbau der Technischen Universität Ilmenau als Dissertation vorgelegen.

Tag der Einreichung:	18. Juni 2019
1. Gutachter:	Univ.-Prof. Dr.-Ing. habil. Klaus Zimmermann (Technische Universität Ilmenau)
2. Gutachter:	Univ.-Prof. Dr.-Ing. habil. Prof. Dr. Hannes Töpfer (Technische Universität Ilmenau)
3. Gutachter:	Prof. Dr.-Ing. habil. Hendrik Rothe (Helmut-Schmidt-Universität)
Tag der Verteidigung:	6. Dezember 2019

Technische Universität Ilmenau/
Universitätsbibliothek **Universitätsverlag Ilmenau**
Postfach 10 05 65
98684 Ilmenau
http://www.tu-ilmenau.de/universitaetsverlag

ISBN 978-3-86360-219-2 (Druckausgabe)
URN urn:nbn:de:gbv:ilm1-2019000669

Titelgrafik: Veit Henkel | Fakultät für Maschinenbau, TU Ilmenau

„Mache die Dinge so einfach wie möglich - aber nicht einfacher."

— Albert Einstein

Abstract

Non-destructive testing is of crucial importance in the product life cycle of technical products. Especially in the case of safety-relevant components in aircraft, trains, pipelines or power plants, non-destructive testing methods help to detect quality defects already during the manufacturing process or in regular maintenance checks without impairing their function. Today, increasing quality and safety requirements as well as the development of new materials for modern lightweight constructions require ever more reliable test procedures in order to guarantee the proper operation of components and technical systems.

Eddy current testing methods are used to inspect components made of metallic materials. In contrast to classical induction methods, eddy currents in motion-induced eddy current testing are caused by the relative motion between a magnetic field source and an electrically conductive specimen. The resulting physical effects enable the detection of defects in the specimen.

The subject of this work is the development of a principle for a portable system for motion-induced eddy current testing, which is suitable for use as a hand-held testing device to inspect components at their place of use. After an introduction to non-destructive testing and the testing methods most frequently used in industry, the known methods of motion-induced eddy current testing are presented.

Based on the findings of previous studies in the field of motion-induced eddy current testing, the requirements for the sensor system to be developed will be specified and possible solution variants discussed. In the context of this brainstorming, two favoured solution variants are described, for each a measuring system for experimental validation is developed and set up. In addition, the applied methods of measurement data evaluation are explained. The principle most suitable for the application purpose will be determined based on a comparison of variants.

Further experiments with the selected sensor system serve to derive recommendations for its use as a hand-held test device. In addition, various possibilities for the presentation and interpretation of test results are shown.

KURZFASSUNG

Die zerstörungsfreie Prüfung ist von besonderer Bedeutung im Lebenszyklus technischer Produkte. Insbesondere bei sicherheitsrelevanten Komponenten in Flugzeugen, Zügen, Pipelines oder Kraftwerken helfen Verfahren der zerstörungsfreien Prüfung, Qualitätsmängel bereits während des Herstellungsprozesses oder in regelmäßigen Wartungskontrollen zu erkennen, ohne deren Funktion zu beeinträchtigen. Heute erfordern steigende Qualitäts- und Sicherheitsanforderungen sowie die Entwicklung neuer Materialien für moderne Leichtbaukonstruktionen immer zuverlässigere Prüfverfahren, um den ordnungsgemäßen Betrieb von Bauteilen und technischen Anlagen zu gewährleisten.

Für die Untersuchung von Bauteilen aus metallischen Werkstoffen kommen häufig Wirbelstromprüfverfahren zum Einsatz. Im Gegensatz zu klassischen Induktionsverfahren werden die Wirbelströme bei der bewegungsinduzierten Wirbelstromprüfung durch die Relativbewegung zwischen einer Magnetfeldquelle und einem elektrisch leitfähigen Prüfkörper hervorgerufen. Die dabei auftretenden physikalischen Effekte ermöglichen die Detektion von Fehlern im Prüfkörper.

Gegenstand dieser Arbeit ist die Entwicklung eines Prinzips für ein portables System zur bewegungsinduzierten Wirbelstromprüfung, welches für den Einsatz als handgeführtes Prüfgerät zur Untersuchung von Bauteilen an ihrem Einsatzort geeignet ist. Nach einer Einführung in die zerstörungsfreie Prüfung und die in der Industrie am häufigsten eingesetzten Prüfverfahren, werden die bekannten Verfahren der bewegungsinduzierten Wirbelstromprüfung vorgestellt.

Basierend auf den Erkenntnissen vorangegangener Studien im Bereich der bewegungsinduzierten Wirbelstromprüfung, erfolgt die Präzisierung der Anforderungen an das zu entwickelnde Sensorsystem und die Diskussion möglicher Lösungsvarianten. Im Rahmen dieser Ideenfindung werden zwei favorisierte Lösungsvarianten beschrieben, für die jeweils ein Messsystem zur experimentellen Validierung entwickelt und aufgebaut wird. Außerdem werden die angewendeten Verfahren der Messdatenauswertung erläutert. Das für den Anwendungszweck besser geeignete Prinzip wird anhand eines Variantenvergleichs ermittelt.

Weiterführende Experimente mit dem ausgewählten Sensorsystem dienen dazu, Handlungsempfehlungen für dessen Einsatz als handgeführtes Prüfgerät abzuleiten. Darüber hinaus werden verschiedene Möglichkeiten zur Darstellung und Interpretation von Prüfergebnissen aufgezeigt.

DANKSAGUNG

Ich möchte mich an dieser Stelle bei allen bedanken, die mich bei der Umsetzung dieser Arbeit unterstützt und mir motivierend zur Seite gestanden haben.

Ein besonderer Dank gilt meinem Doktorvater Prof. Klaus Zimmermann für die Möglichkeit dieses interessante Thema unter seiner Betreuung bearbeiten zu dürfen. Seine motivierende Art und seine Anregungen haben wesentlich zum Gelingen dieser Arbeit beigetragen.

Ich danke Prof. Hannes Töpfer für die angenehme Arbeitsatmosphäre im Fachgebiet Theoretische Elektrotechnik.

Speziell möchte ich mich bei Dr. Hartmut Brauer, Dr. Marek Ziolkowski und Dr. Erik Gerlach für die stets anregenden Diskussionen und die konstruktive Kritik bedanken. Sie standen mir jederzeit mit Rat und Tat zur Seite.

Der mechanischen Werkstatt der Fakultät für Elektrotechnik und Informationstechnik und der Firma Frank Philipp Werkzeugbau danke ich herzlich für die Fertigung der Komponenten des Versuchsaufbaus.

Darüber hinaus möchte ich den Kollegen der Theoretischen Elektrotechnik und der Technischen Mechanik für die durchweg hilfsbereite und freundschaftliche Zusammenarbeit danken.

Abschließend bedanke ich mich bei meiner Freundin Corinna, meiner Familie und meinen Freunden, die meine Arbeit mit großem Engagement und Verständnis unterstützt haben.

ABKÜRZUNGSVERZEICHNIS

Abkürzung	
AC	Wechselstrom
ACFM	Alternating Current Field Measurements
ACUT	Air Coupled Ultrasonic Testing
AE	Schallemissionsprüfung
AMR	Anisotroper Magnetowiderstand
CFK	Kohlenstofffaserverstärkter Kunststoff
CMR	Kolossaler Magnetowiderstand
DAS	Defekt-Antwort-Signal
DC	Gleichstrom
DFG	Deutsche Forschungsgemeinschaft
DFT	Diskrete Fouriertransformation
DiLET-Sensor	Differenzieller Lorentzkraft-Wirbelstromsensor
ECA	Wirbelstrom-Array-Technik
ECT	Wirbelstromprüfung
EMAT	Electro-Magnetic Acoustic Transducers
ET	Elektromagnetische Prüfung
GFK	Glasfaserverstärkte Kunststoffe
GLARE	Glass Laminate Aluminum Reinforced Epoxy
GMI	Riesenmagnetoimpedanz
GMR	Riesenmagnetowiderstand
GUM	Guide to the Expression of Uncertainty in Measurement
GW	Guided Wave Testing
ICs	Integrated Circuits
IR	Infrarotprüfung
KEP	Konstruktiver Entwicklungsprozess
LabVIEW	Laboratory Virtual Instrumentation Engineering Workbench
LET	Lorentzkraft-Wirbelstromprüfung
LFECT	Low Frequency Eddy Current Testing

LFV	Lorentzkraft-Anemometrie
LM	Laserbasierte Prüfmethoden
MFL	Magnetische Streuflussprüfung
MIECT	Bewegungsinduzierte Wirbelstromprüfung
MR	Magnetoresistiv
MT	Magnetpulverprüfung
NI	National Instruments
PAUT	Phased Array Ultrasonic Testing
PCI	Peripheral Component Interconnect
PECT	Gepulste Wirbelstromprüfung
PM	Permanentmagnet
PMIECT	portables MIECT-System
PT	Eindringprüfung
PXI	PCI eXtension for Instrumentation
PXIe	Weiterentwicklung des PXI Bus-Systems
QSA	Quasistatischer Ansatz
RFECT	Wirbelstromprüfung mittels Fernfeldtechnik
RS-232	Recommendes Standard 232
RT	Durchstrahlungsprüfung
SNR	Signal-Rausch-Verhältnis
SQUIDs	Supraleitende Induktionsspulen
TDA	Transienter Ansatz
TMR	Tunnelmagnetowiderstand
TOFD	Time Of Flight Diffraction
USB	Universal Serial Bus
UT	Ultraschallprüfung
VA	Vibrationsanalyse
VT	Sichtprüfung
WRA	Weak Reaction Approach
ZfP	Zerstörungsfreie Prüfung

Symbol	Beschreibung	Einheit
A	Querschnittsfläche einer Spule	m^2
a	Abstand eines Defekts zur Prüfkörpermitte	m
$\mathbf{B}$	Gesamtmagnetfeld	T
$\mathbf{B}^{(p)}$	primäres Magnetfeld / Erregerfeld	T
$\mathbf{B}^{(s)}$	sekundäres Magnetfeld	T

B_P	Breite eines Prüfkörpers	m
B_r	Remanenzflussdichte	T
b_D	Breite eines Defekts	m
c_i	Empfindlichkeitskoeffizient	
D_0	Abstand zwischen zwei Magneten	m
$D_{0,\mathrm{S}}$	Abstand zwischen zwei Spulen	m
D_D	Durchmesser eines Defekts	m
D_M	Durchmesser eines Permanentmagneten	m
D_P	Durchmesser eines Prüfkörpers	m
$D_\mathrm{S,a}$	Außendurchmesser einer Spule	m
$D_\mathrm{S,i}$	Innendurchmesser einer Spule	m
d	Tiefe eines Defekts im Prüfkörper	m
$\mathbf{E}$	elektrische Feldstärke	$\mathrm{V\,m^{-1}}$
$\mathbf{F}$	Kraft / Lorentzkraft	$\mathrm{kg\,m\,s^{-2}}$
f	Frequenz	Hz
Δf	Frequenzauflösung des Spektrums	Hz
f_c	cut-off Frequenz eines Filters	Hz
f_s	Abtastfrequenz	Hz
f_0	Rotationsfrequenz	Hz
$\mathbf{H}$	magnetische Feldstärke	$\mathrm{A\,m^{-1}}$
H_M	Höhe eines Permanentmagneten	m
H_P	Höhe eines Prüfkörpers	m
H_S	Höhe einer Spule	m
h	Sensorabstand	m
h_D	Höhe eines Defekts	m
h_M	Abstand zwischen Magnetanordnung und Prüffläche	m
h_S	Abstand zwischen Spule und Prüffläche	m
I	elektrische Stromstärke	A
i	Index einer Messgröße	
$\mathbf{J}$	Wirbelstromdichte	$\mathrm{A\,m^{-2}}$
k	diskrete Frequenzvariable	
L_P	Länge eines Prüfkörpers	m
l_D	Länge eines Defekts	m
$\mathbf{M}$	Magnetisierung	$\mathrm{A\,m^{-1}}$
m	Diskrete Verschiebung	
N	Windungszahl einer Spule	
N_i	Anzahl Eingangsgrößen	

N_n	Anzahl Abtastwerte	
N_q	Anzahl Beobachtungen	
N_α	Anzahl Prüfkörperorientierungen	
N_0	Periodenlänge	
n	diskrete Zeitvariable	
n_0	Drehzahl	min^{-1}
P	Leistung eines Signals	V^2
P_Δ	Leistung eines DAS	V^2
$\bar{P}$	mittlere Leistung eines Signals	V^2
P_j	Prüfkörper j	
q	Beobachtung / Messwiederholung	
p	Überdeckungswahrscheinlichkeit	
R_m	magnetische Reynoldszahl	
R	elektrischer Widerstand	Ω
$\mathbf{r}_{S'}$	Ortsvektor zum Sensorsystem	
S	Inertialkoordinatensystem	
S'	Koordinatensystem des Sensorsystems	
$s(\cdot)$	empirische Standardabweichung	
T_M	Messdauer	s
t	Zeit	s
T_s	Abtastperiode	s
T_0	Periodendauer einer Umdrehung der Magnetanordnung	s
$t_p(\nu)$	Erweiterungsfaktor	
$u[n]$	Spannung	V
$u_n[n]$	normierte Spannung	
$\hat{u}$	Maximalspannung	V
$\Delta u[n]$	Defekt-Antwort-Signal / Differenzspannung	V
$\bar{u}[n]$	gemittelte Spannung	V
$\bar{\bar{u}}[n]$	gefilterte und gemittelte Spannung	V
$\underline{U}[k]$	Spektrum	V
$\lvert\underline{U}[k]\rvert$	Amplitudenspektrum	V
$\lvert\bar{\underline{U}}[k]\rvert$	Amplitudenspektrum gemittelt	V
V	Volumen	m^3
V_P	Volumen eines Prüfkörpers	m^3
$\mathbf{v}$	Relativgeschwindigkeit	$\mathrm{m\ s}^{-1}$
x, y, z	Kartesische Koordinaten	m

$\mathbf{x}_{i,q}$	Messsignal der Messgröße i und Beobachtung q	
$\mathbf{x}_i$	Eingangsgröße	
$\bar{\mathbf{x}}_i$	Schätzwert der Eingangsgröße	
$\mathbf{y}$	Messgröße	
$\bar{\mathbf{y}}$	Schätzwert der Ausgangsgröße	

Symbol	**Beschreibung**	**Einheit**
α	Prüfkörperorientierung	$^\circ$
$\Delta\alpha$	Winkelunterschied zwischen zwei DAS	$^\circ$
$\Delta\tilde{\alpha}$	geschätzter Winkelunterschied zwischen zwei DAS	$^\circ$
δ	Eindringtiefe	m
$\varepsilon_{\bar{x}_i}$	Standardunsicherheit der Eingangsschätzwerte	
$\varepsilon^c_{\bar{y}}$	kombinierte Standardunsicherheit der Ausgangsgröße	
$\varepsilon^e_{\bar{y}}$	erweiterte Messunsicherheit der Ausgangsgröße	
μ	magnetische Permeabilität	$\mathrm{V\,s\,A^{-1}\,m^{-1}}$
μ_r	relative Permeabilität	
ν	Freiheitsgrad einer Messung	
σ	elektrische Leitfähigkeit	$\mathrm{S\,m^{-1}}$
Φ	magnetischer Fluss	$\mathrm{kg\,m^2\,A^{-1}\,s^{-2}}$
$\Phi^{(s)}$	sekundärer magnetischer Fluss	$\mathrm{kg\,m^2\,A^{-1}\,s^{-2}}$
ϕ	Korrelationsfunktion	$\mathrm{V^2}$
φ	Drehwinkel	$^\circ$
ϑ	Winkel zwischen Bohrungen in P_5^ϑ	$^\circ$

Inhaltsverzeichnis

Tabellenverzeichnis

Tabelle **Seite**

Abbildungsverzeichnis

Abbildung **Seite**

KAPITEL 1

EINLEITUNG

1.1 Motivation

Verfahren der zerstörungsfreien Prüfung (ZfP) sind leistungsfähige Werkzeuge in der Qualitätskontrolle und der Qualitätssicherung. Sie helfen höchste Qualitätsanforderungen zu erfüllen und die Zuverlässigkeit sicherheitsrelevanter Komponenten und Anlagen während des Betriebs zu gewährleisten. Besonders in Flugzeugen, Zügen, Pipelines, Bauwerken oder Druckbehältern kommt es darauf an, dass diese Bauteile sowohl während des Herstellungsprozesses als auch im Betrieb ohne Beeinträchtigung ihrer Funktionsfähigkeit geprüft werden.

Die Entwicklung neuer Materialien für Leichtbaukonstruktionen sowie computergestützte Berechnungsverfahren zur Dimensionierung topologieoptimierter Bauteile, die bei möglichst geringerem Eigengewicht immer größeren Belastungen standhalten müssen, treiben die Weiter- und Neuentwicklung von ZfP-Verfahren voran. Darüber hinaus erfordert die Etablierung neuer Fertigungstechnologien in modernen Produktionslinien zusammen mit steigenden Qualitäts- und Sicherheitsanforderungen immer zuverlässigere Prüfverfahren.

Für die Untersuchung von Bauteilen aus metallischen Werkstoffen werden häufig Wirbelstromprüfverfahren eingesetzt. Die Wirbelstromprüfung umfasst mehrere unterschiedliche Prüfverfahren zu denen auch die bewegungsinduzierte Wirbelstromprüfung (MIECT, engl. *Motion Induced Eddy Current Testing*) zählt. Dabei werden physikalische Effekte, die aufgrund der Relativbewegung zwischen einer Magnetfeldquelle und einem Prüfkörper entstehen, genutzt, um Fehler zu detektieren.

Die vorliegende Arbeit leistet einen Beitrag zur Entwicklung eines MIECT-Verfahrens, welches das Potential bietet als portables System verwendet zu werden.

1.2 Ziel der Arbeit

Die Lorentzkraft-Wirbelstromprüfung (LET, engl. *Lorentz Force Eddy Current Testing*) ist ein MIECT-Verfahren für die zerstörungsfreie und berührungslose Untersuchung elektrisch leitfähiger Materialien auf Anomalien. Bei dem an der TU Ilmenau entwickelten LET-Messsystem wird das Prüfobjekt gegenüber einem fixierten Sensorsystem bewegt [17, 170]. Letzteres besteht aus einem Permanentmagneten, welcher an einem Kraftsensor montiert ist. Aufgrund der Relativbewegung wirkt die Lorentzkraft auch auf den Permanentmagneten. Die Auswertung der gemessenen Lorentzkraft ermöglicht die Detektion von Anomalien im Prüfobjekt.

Das Ziel der vorliegenden Arbeit ist es, einen Prototyp für ein portables MIECT-System (PMIECT-System) zu entwickeln. Dabei soll ein Paradigmenwechsel vollzogen werden, indem nicht mehr der Prüfkörper gegenüber dem fixierten Sensorsystem, sondern das Sensorsystem gegenüber einem fixierten Prüfkörper bewegt wird (vgl. Abb. 1.1). Der Fokus liegt dabei auf der Entwicklung und experimentellen Untersuchung eines Sensorsystems, dessen zugrundeliegendes Messprinzip das Potential bietet, das Sensorsystem als handgeführtes Gerät zu nutzen. Perspektivisch soll es damit möglich sein, Bauteile auch im eingebauten Zustand an ihrem Einsatzort und nicht nur wie bisher unter definierten Laborbedingungen zu prüfen.

Im Rahmen der experimentellen Untersuchungen dieser Arbeit geht es darum, anhand der gemessenen physikalischen Größen einen künstlich eingebrachten Fehler im Prüfobjekt zu detektieren. Es sei an dieser Stelle ausdrücklich erwähnt, dass weder die inverse Aufgabe[1] noch die Beurteilung, ob der detektierte Fehler die Funktion eines Bauteils beeinträchtigt, Bestandteile dieser Arbeit sind.

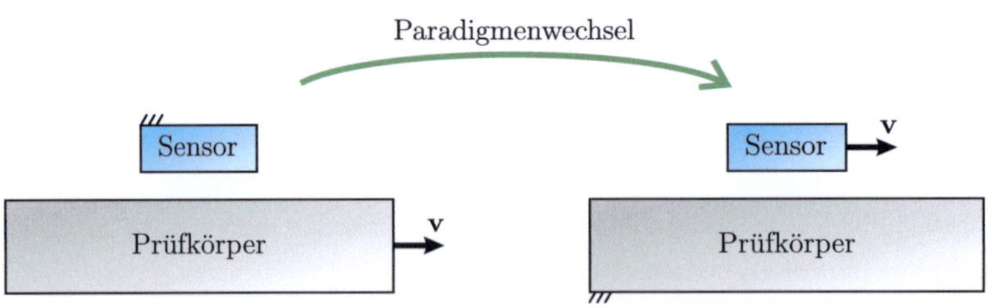

Abb. 1.1: Paradigmenwechsel von einem MIECT-System, bei welchem der Prüfkörper gegenüber einem fixierten Sensorsystem bewegt wird (links), hin zu einem MIECT-System, bei dem das Sensorsystem gegenüber einem fixierten Prüfkörper bewegt wird (rechts).

[1] Unter der inversen Aufgabe versteht man die Bestimmung der Geometrie, Größe und Lage eines Fehlers im Prüfobjekt anhand der gemessenen physikalischen Größen.

1.3 Struktur der Arbeit und Forschungsumfeld

In Kapitel 2 erfolgt eine Einführung in die zerstörungsfreie Prüfung und die Beschreibung der in der Industrie am häufigsten eingesetzten ZfP-Verfahren. Außerdem werden die bekannten Verfahren der bewegungsinduzierten Wirbelstromprüfung vorgestellt. Ausgehend von den Erkenntnissen im Bereich der bewegungsinduzierten Wirbelstromprüfung werden in Kapitel 3 die Anforderungen an das zu entwickelnde PMIECT-System präzisiert und verschiedene Varianten diskutiert. Darüber hinaus werden bei der Ideenfindung die zwei favorisierten Lösungsvarianten beschrieben, für deren experimentelle Untersuchung ein Messsystem entwickelt und aufgebaut wird. In Kapitel 4 werden zunächst die angewendeten Verfahren der Messdatenauswertung erläutert. Außerdem wird untersucht, ob die beiden Lösungsvarianten zur Detektion von Defekten geeignet sind. Weiterführende Experimente zur Validierung der für den Anwendungszweck besser geeigneten Variante erfolgen in Kapitel 5. Basierend auf den Ergebnissen werden verschiedene Möglichkeiten zur Darstellung und Interpretation der Messergebnisse aufgezeigt. Zusätzlich erfolgt eine Ableitung von Handlungsempfehlungen für den Einsatz des Sensorsystems als handgeführtes Prüfgerät. In Kapitel 6 erfolgt die Zusammenfassung der Ergebnisse dieser Arbeit und die Formulierung von Vorschlägen für zukünftige Untersuchungen.

Die vorliegende Arbeit ist im Rahmen des DFG-Graduiertenkollegs 1567 „Elektromagnetische Strömungsmessung und Wirbelstromprüfung mittels Lorentzkraft“ an der TU Ilmenau entstanden. Sie ist der dritte Beitrag aus dem Projektbereich C1, der sich mit grundlagenorientierten Experimenten zur Fehlererkennung in metallischen Werkstoffen mittels Lorentzkraft-Wirbelstromprüfung befasst. Thematisch schließt sie an die Dissertationsschriften von

- R. P. Uhlig, „An experimental validation of Lorentz force eddy current testing“ und
- M. Carlstedt, „A Contribution to the Experimental Validation in Lorentz Force Eddy Current Testing“

an.

KAPITEL 2

Stand der Technik

In diesem Kapitel erfolgt zunächst eine Einführung in die zerstörungsfreie Prüfung und die Vorstellung der in industriellen Anwendungen am häufigsten eingesetzten Prüfverfahren. Besonderes Augenmerk liegt auf der Beschreibung von heute bekannten Verfahren im Bereich der bewegungsinduzierten Wirbelstromprüfung. Die gewonnen Erkenntnisse dienen als Grundlage für nachfolgende Kapitel und sind abschließend kurz zusammengefasst.

2.1 Zerstörungsfreie Prüfung

In den Bereich der ZfP können sämtliche Prüfverfahren eingeordnet werden, mit denen es möglich ist Fehler in Materialien, Bauteilen oder Baugruppen zu erkennen, ohne deren Funktionsfähigkeit zu beeinträchtigen. Bei den zu detektierenden Fehlern kann es sich um Anomalien im Materialgefüge, Porosität, Risse, Korrosion oder Einschlüsse handeln, die möglicherweise zum Versagen eines Bauteils oder Produkts im Betrieb führen können.

Im Gegensatz zur ZfP erfolgen zerstörende Prüfverfahren an Stichproben, die während der Prüfung beschädigt oder zerstört werden und somit für den weiteren Gebrauch ungeeignet sind. Oft ist es erforderlich diese Proben entsprechend der für das jeweilige Verfahren geltenden Normen zu präparieren. Zerstörende Prüfverfahren (z.B. Zugversuch, Kerbschlagbiegeversuch, Torsionsversuch, Biegeversuch, Metallografie) werden häufig verwendet, um chemische und physikalische Materialeigenschaften (Elastizitätsmodul, Streckgrenze, Zugfestigkeit, Bruchdehnung, Duktilität, Dauerfestigkeit), welche für die Dimensionierung von Bauteilen relevant sind, zu bestimmen.

Während zerstörende Prüfverfahren in der Regel unter definierten Laborbedingungen durchzuführen sind, eignen sich ZfP-Verfahren auch zur Inspektion von eingebauten Komponenten an deren Einsatzort und unter den verschiedensten Umgebungsbedingungen. Dies macht sie zu einem leistungsfähigen Werkzeug in nahezu allen Bereichen der Industrie, wenn es darum geht die geforderten Qualitätsstandards einzuhalten, die Produktqualität sicherzustellen sowie Produktions- und Fertigungsprozesse zu optimieren. Insbesondere die zerstörungsfreie Prüfung sicherheitsrelevanter Bauteile, nicht nur während des Herstellungsprozesses, sondern auch in wiederkehrenden Inspektionen, ist für die Vermeidung von Unfällen unerlässlich. Immer häufiger werden ZfP-Verfahren daher zur Zustandsüberwachung von Prozessen, Anlagen und deren Komponenten eingesetzt. Neben der Erkennung von unerwünschten Strukturveränderungen und der Beobachtung ihrer Entwicklung während des Betriebs, ist es das Ziel, diese Fehler bezüglich ihrer Auswirkung auf die Betriebstauglichkeit zu bewerten.

Die ZfP umfasst unterschiedliche Verfahren, die sich in ihren zugrundeliegenden physikalischen Prinzipien, den für die Prüfung verwendeten Geräten sowie den prüfbaren Materialien (z.B. metallisch oder nichtmetallisch) und Materialeigenschaften (z.B. elektrische Leitfähigkeit, Dichte, Materialzusammensetzung, usw.) unterscheiden [56, 58, 59]. Die Entwicklung neuer Konstruktionswerkstoffe, die Topologieoptimierung von Bauteilen und Leichtbaukonstruktionen mit steigenden Last-zu-Masse-Verhältnissen sowie immer strengere Qualitäts- und Sicherheitsanforderungen treiben die Weiterentwicklung etablierter ZfP-Verfahren genauso voran, wie die Entwicklung neuer, innovativer und für spezielle Prüfsituationen angepasste Methoden.

Zu den in industriellen Anwendungen am häufigsten eingesetzten ZfP-Verfahren gehören die Sichtprüfung (VT, engl. *Visual Testing*), die Eindringprüfung (PT, engl. *Penetrant Testing*), die Ultraschallprüfung (UT, engl. *Ultrasonic Testing*), die Durchstrahlungsprüfung (RT, engl. *Radiographic Testing*), die Magnetpulverprüfung (MT, engl. *Magnetic Particle Testing*) sowie die elektromagnetische Prüfung (ET, engl. *Electromagnetic Testing*) [49]. Beispielhaft seien als weitere Verfahren die Schallemissionsprüfung (AE, engl. *Acustic Emission Testing*), die Vibrationsanalyse (VA, engl. *Vibration Analysis*), thermische Verfahren wie die Infrarotprüfung (IR, engl. *Infrared Testing*) oder laserbasierte Prüfmethoden (LM, engl. *Laser Testing Methods*) genannt. Im Folgenden werden die in industriellen Anwendungen am häufigsten eingesetzten Prüfverfahren erläutert.

2.1.1 Sichtprüfung

Die Sichtprüfung (VT) ist die am häufigsten eingesetzte Prüfmethode in der Industrie und wird bei fast allen anderen ZfP-Verfahren zwangsläufig mit durchgeführt, um spezielle Qualitätsanforderungen an Form- und Lagetoleranzen sowie die Oberflächenbeschaffenheit eines Bauteils zu prüfen [85, 151]. Dabei wird zwischen der direkten und der indirekten VT unterschieden [29]. Im Fall der direkten VT betrachtet der Prüfer eine ausreichend belichtete Oberfläche des Prüfobjekts mit dem bloßen Auge. Für die Untersuchung schlecht einsehbarer Bereiche, wie beispielsweise die Innenwand eines zylindrischen Bauteils, oder für die Erkennung kleiner aber relevanter Oberflächenfehler (z.B. Risse), können zusätzliche Hilfsmittel wie Spiegel, Lupen oder Endoskope verwendet werden. Bei der indirekten VT wird der zu prüfende Bereich mit Kamerasystemen erfasst und anhand der aufgezeichneten Bilder ausgewertet. In Kombination mit modernen Verfahren der Bild- und Mustererkennung lässt sich die indirekte VT automatisieren und macht sie daher zu einem wichtigen Bestandteil vieler Anwendungen im Bereich der Qualitätssicherung [6, 107, 183]. Ein maßgeblicher Vorteil der VT besteht darin, dass kaum Beschränkungen in Form und Größe des zu untersuchenden Bauteils bestehen und somit selbst kleinste Risse in Oberflächen mit ausreichender Empfindlichkeit und Prüfgeschwindigkeit detektierbar sind. Zudem gilt sie, wegen ihres meist geringen Bedarfs an Hilfsmitteln, als einfaches und wirtschaftliches Verfahren, das nahezu überall eingesetzt werden kann, um Korrosion, Verschleiß und Verformungen an Bauteilen sowie die Fehlausrichtung von Komponenten zu erkennen. Trotz der Einfachheit des Verfahrens und der vergleichsweise geringen Anforderungen an die Ausbildung des Prüfpersonals, hängt die Beurteilung von Unregelmäßigkeiten stark vom subjektiven Eindruck und der Erfahrung des Prüfers ab.

2.1.2 Eindringprüfung

Die Eindringprüfung (PT) ist ein einfaches und kostengünstiges ZfP-Verfahren, um Defekte, die zur Oberfläche des zu prüfenden Werkstoffs hin geöffnet sind, zu erkennen [31–33, 139, 152]. Sie ist unabhängig vom Werkstoff (Metall, Kunststoff, Keramik usw.) einsetzbar, vorausgesetzt dieser ist inert gegenüber dem Prüfmittel und besitzt eine geringe Porosität. Das Verfahren lässt sich in 7 Schritte unterteilen (vgl. Abbildung 2.1) [31]. Im ersten Verfahrensschritt ist die Prüffläche zu reinigen, sodass das Eindringmittel in die zur Oberfläche hin geöffneten Fehler wie Risse, Spannungsrisskorrosion, Lunker oder Poren eindringen kann. Nach der Vorreinigung wird das Eindringmittel (fluoreszierend, farbig oder beides) auf die Prüffläche aufgebracht (sprühen, streichen, tauchen). Aufgrund der Kapillarwirkung wird das Eindringmittel, abhängig von dessen Viskosität, in die Fehlstellen gezogen. Nach Ablauf der Eindringzeit wird überschüssiges Eindringmittel von der Prüffläche entfernt und der Entwickler (z.B. Trockenpulver, wassersuspendierbarer Entwickler oder Entwickler auf Lösemittelbasis usw.) gleichmäßig aufgetragen. Letzterer reagiert mit dem in den Defekten verbliebenen Eindringmittel oder zieht dieses aus den Defekten heraus, wodurch sich Anzeigen auf der Oberfläche bilden. In der Regel sind diese Anzeigen größer als der eigentliche Defekt. Daher gilt die PT im Vergleich zur VT als empfindlicheres Verfahren, speziell wenn zusätzliche, optische Hilfsmittel zur Vergrößerung der Anzeigen eingesetzt werden. Die Anzeigengröße auf der Oberfläche hilft bei der anschließenden Inspektion und Auswertung. Sie ermöglicht eine Abschätzung über das Volumen des Defekts. Die detektierbaren Abmessungen der Öffnung eines Defekts an der Oberfläche liegen dabei im Bereich weniger Mikrometer [33]. Abschließend sind die geprüften Oberflächen zu reinigen. Mit der PT können nicht nur unterschiedlichste Werkstoffe inspiziert, sondern auch Bauteile unabhängig von ihrer Form und Größe selbst im eingebauten Zustand geprüft werden. Außerdem ist es möglich große Flächen auf einmal zu untersuchen. Es sei jedoch auch erwähnt, dass die Empfindlichkeit des Verfahren stark von den Umgebungsbedingungen (Temperatur und Beleuchtungsverhältnisse), dem Prüfmittel (höchste Empfindlichkeit nur mit fluoreszierendem Prüfmittel erreichbar) und von der Oberflächenbeschaffenheit der Prüffläche abhängt. Ein eher ungewöhnlicher Ansatz wird von [132] vorgestellt, bei dem anstatt eines Eindringmittels Bakterien auf metallische Oberflächen (Aluminium, Stahl, Kupfer) aufgebracht werden, um anhand geeigneter Entwicklungsverfahren die vorhandenen Oberflächendefekte anzuzeigen.

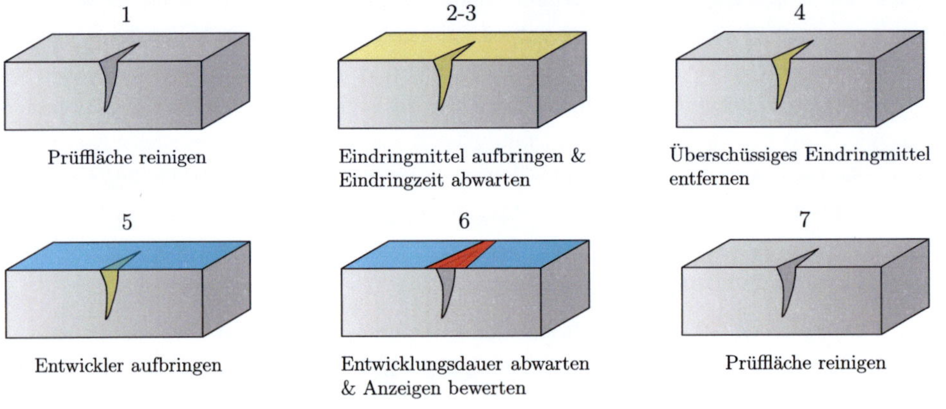

Abb. 2.1: Ablauf der Eindringprüfung.

2.1.3 Ultraschallprüfung

Im Bereich der ZfP gilt die Ultraschallprüfung (UT) [25, 30, 56, 64] als Volumenverfahren zum Auffinden von Inhomogenitäten und Fehlern sowohl an der Oberfläche als auch im gesamten Querschnitt eines Bauteils aus schallleitfähigen Werkstoffen (Metall, Kunststoff, Holz, Keramik, Beton usw.). Die UT basiert darauf, dass sich Schallwellen in Materialien unterschiedlicher Wellenimpedanzen (abhängig von Dichte und materialspezifischer Schallgeschwindigkeit) unterschiedlich schnell ausbreiten und beim Auftreffen auf Grenzflächen reflektiert, gebrochen oder geschwächt werden. Diese Beeinflussung des Ultraschalls im Bauteil kann mittels Durchschallungstechnik (Auswertung des durchgelassenen Schallanteils) oder Impuls-Echo-Verfahren (Auswertung des reflektierten Schallanteils) beobachtet werden. Bei beiden Techniken ist es möglich, sowohl einen einzelnen Prüfkopf, der gleichzeitig als Sender und Empfänger fungiert, oder einen Prüfkopf, bei dem Sende- und Empfangswandler in einem Gehäuse integriert sind, oder getrennten Prüfköpfen die entweder als Sender oder Empfänger dienen, einzusetzen. Die Wandlung von elektrischen Impulsen in Schallwellen und umgekehrt kann beispielsweise piezoelektrisch, magnetoresistiv oder elektrodynamisch erfolgen. Üblicherweise liegt die Frequenz der verwendeten Ultraschallwellen zwischen 1 MHz und 10 MHz.

Bei dem Impuls-Echo-Verfahren wird ein Ultraschallimpuls über ein Koppelmedium (Wasser, Gel, Fett, Öl usw.) in den Prüfkörper eingekoppelt und dann das Echo dieses Impulses abgewartet (vgl. Abb. 2.2). Der eingekoppelte Ultraschallimpuls breitet sich im Prüfobjekt aus und wird an dessen Rückwand reflektiert. Dieses Rückwandecho wird vom Prüfkopf empfangen und kann in Form eines sogenannten A-Bildes (zeitlicher Verlauf der vom Empfangselement aufgenommenen Ultraschallwelle) auf einem Bildschirm dargestellt werden. Über den Laufzeitunterschied und die genaue Kenntnis der materialspezifischen Schallgeschwindigkeit ist die Materialdicke bzw. die verbleibende Wandstärke des Prüfobjekts bestimmbar. Befindet sich ein Defekt im Prüfkörper, so entsteht ein zusätzliches Echo, was zu einem weiteren Impuls zwischen dem des Sendeimpulses und dem des Rückwandechos führt. Folglich kann man den Defekt anhand des zusätzlichen Impulses nicht nur identifizieren, sondern auch dessen Abstand zur Oberfläche abschätzen. Um die geometrische Ausdehnung eines Defekts im Prüfobjekt zu bestimmen, wird die Sonde entlang einer Linie an der Oberfläche bewegt und an jeder Position ein A-Bild erzeugt. Reiht man die verschiedenen A-Bilder entsprechend der einzelnen Positionen der Prüfsonden aneinander, entsteht das sogenannte B-Bild. Analog dazu kann anhand des C-Bildes die Ausdehnung eines Defekts in einer Ebene bestimmt werden. Mittels einer dreidimensionalen Visualisierung der Messdaten ist die Bestimmung der Position und Größe eines Defekts im Bauteil möglich [137, 140].

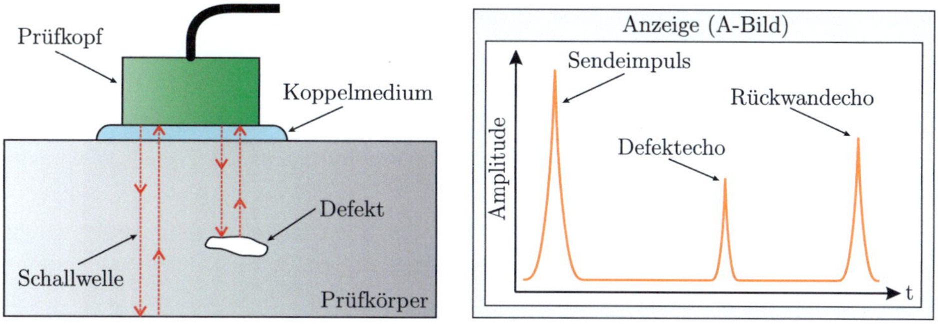

Abb. 2.2: Prinzip des Impuls-Echo-Verfahrens und Darstellung des A-Bildes der Echos.

Die Vorteile der UT liegen nicht nur darin, gesamte Bauteilquerschnitte untersuchen zu können, sondern auch kleine Inhomogenitäten mit Abmessungen von wenigen Mikrometern im Materialinneren zu erkennen. Zudem eignet sich das Verfahren für die Inspektion und Bestimmung von Bauteilstärken und Abmessungen bis zu mehreren Metern auch dann, wenn diese nur von einer Seite zugänglich sind. Zur Prüfung von Schweißnähten, Rohren von Pipelines, Halbzeugen, Verbundmaterialien oder auch zur Materialcharakterisierung sind in den letzten Jahren immer wieder neue, an spezielle Anwendungen angepasste UT-Techniken entstanden, um die herkömmlichen UT-Verfahren zu verbessern. Dazu gehören beispielsweise die Eintauchtechnik, *Phased Array Ultrasonic Testing* (PAUT) [72, 97, 164], *Time Of Flight Diffraction* (TOFD) [22, 112, 165] und *Guided Wave Testing (GW)* [2, 78]. Alternative Verfahren wie beispielsweise die elektrodynamische Ultraschallerzeugung (EMAT, engl. *Electro-Magnetic Acoustic Transducers*) [25, 58, 60, 70] oder die Luftultraschallprüfung (ACUT, engl. *Air Coupled Ultrasonic Testing*) [57] können auch ohne Koppelmedium zwischen Prüfkopf und Bauteiloberfläche erfolgen. Zusätzlich ist die UT variabel einsetzbar und kann von Hand, mechanisiert oder voll automatisiert ausgeführt werden. Besonders die automatisierte UT verringert den subjektiven Einfluss eines Prüfers bei der Auswertung und Bewertung der Messdaten.

Bei allen Vorteilen, die die Ultraschallprüfung gegenüber anderen ZfP-Verfahren mit sich bringt ist jedoch anzumerken, dass sehr kleine Bauteile oder Bauteile mit unregelmäßiger Form und scharfen Kanten nur sehr schwer oder durch den Vergleich mit einem fehlerfreien Referenzprüfkörper geprüft werden können. Zudem beeinflusst die Gefügestruktur die Defekterkennung durch Beugungserscheinungen oder Dämpfung. Folglich kann man Defekte in Werkstoffen, die ein inhomogenes Materialgefüge aufweisen, nur bedingt erkennen.

2.1.4 Durchstrahlungsprüfung

Die Durchstrahlungsprüfung [34, 39, 133] (RT) basiert darauf, dass kurzwellige elektromagnetische Strahlung (Röntgen- oder Gammastrahlung) Materie mehr oder weniger geschwächt durchdringen kann. Die Absorption der Strahlung steigt dabei mit zunehmender Dichte, Ordnungszahl und der zu durchstrahlenden Dicke des Prüfobjekts (Schwächungsgesetz nach Lambert-Beer). Im Gegensatz dazu steigt die Durchdringungsfähigkeit der Strahlung mit zunehmender Energie (üblicherweise zwischen 5 keV und 10 MeV), zunehmender Frequenz und abnehmender Wellenlänge. Bei der Durchstrahlungsprüfung wird das Prüfobjekt zwischen der Strahlungsquelle und einem Detektor (Film oder digitaler Detektor) platziert. Defekte wie z.B. Risse, Poren, oder Lunker im inneren des Prüfobjekts besitzen eine andere (meist geringere) Dichte als der eigentliche Prüfkörperwerkstoff und führen, im Vergleich zum homogenen Werkstoff, zu einem Intensitätsunterschied auf dem Detektor. Die räumliche Verteilung der Strahlungsintensität liefert Informationen über die Materialzusammensetzung sowie die äußere und innere Struktur des untersuchten Gegenstands. Auch Einschlüsse von Materialien mit einer anderen Dichte als der Grundwerkstoff oder Wandstärkenunterschiede sind so erkennbar (vgl. Abb. 2.3).

Die Computertomografie (CT) ist ein Verfahren der RT zur dreidimensionalen Darstellung von Prüfobjekten und deren inneren Struktur. Mittels Röntgenaufnahmen aus unterschiedlichen Perspektiven (üblicherweise rotiert das Prüfobjekt zwischen der Strahlungsquelle und dem Detektor) ist es möglich, die Form sowie von außen nicht sichtbare Bauteilgeometrien oder Defekte eines beliebig komplexen Objekts in einer dreidimensionalen Ansicht zu rekonstruieren. Heute gibt es Röntgengeräte mit Auflösungen im Nanometerbereich zur volumetrischen Charakterisierung von Werkstoffen und Prüfobjekten. Im Bereich der ZfP sind dagegen Mikro-, Makro-

und Hochenergie-CT-Geräte von besonderer Bedeutung. Moderne Mikro-CT-Geräte erreichen Auflösungen von wenigen Mikrometern (bei ca. 225 keV) und ermöglichen so die Prüfung von Elektronikkomponenten oder die Bestimmung von Materialgefügen. Um größere Objekte wie beispielsweise Aluminiumgussräder oder andere massive technische Bauteile zu untersuchen, werden üblicherweise sogenannte Makro-CT-Geräte eingesetzt. Trotz der höheren Energie zur Durchstrahlung der Bauteile, liegt die Auflösung zwischen 100 µm und 800 µm. [131]

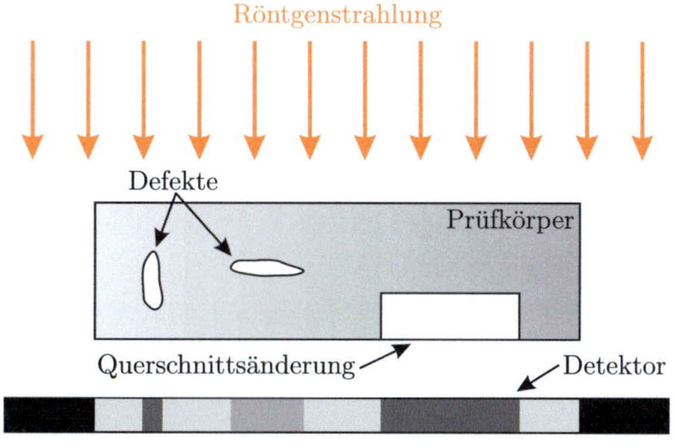

Abb. 2.3: Prinzip der Durchstrahlungsprüfung (vereinfacht dargestellt mit kollimierter Röntgenstrahlung).

Mit Hilfe von Software und Bildverarbeitungsalgorithmen ist es möglich, Defekte in Bauteilen automatisch zu erkennen, deren Größe zu bestimmen sowie deren Auswirkung auf die weitere Einsetzbarkeit eines Bauteils zu beurteilen. Zudem können 3D-Computermodelle des untersuchten Bauteils erstellt werden, um einen Soll-Ist-Vergleich hinsichtlich vorgegebener Bauteilabmessungen durchzuführen oder diese in rechnergestützte Festigkeitsberechnungen (z.B. FEM-Berechnungen) einzubeziehen.

Ein weiterer Trend geht dahin, Röntgengeräte in den Produktionsprozess zu integrieren (In-line-CT) [39, 43, 53]. Dabei dienen die automatisch ausgewerteten Ergebnisse der Röntgenprüfung als Grundlage für die Optimierung des Produktionsprozesses.

Hochenergie-CT-Anlagen ermöglichen die Untersuchung des gesamten Volumens großer Bauteile oder Baugruppen wie Autos, Frachtcontainer, Flugzeugteilen oder Rotorblättern mittels hochenergetischer Röntgenstrahlung (mehrere MeV). So können verformte Komponenten nach einem Crash-Test anhand von Bildverarbeitungsalgorithmen identifiziert und anschließend mit numerischen Simulationen verglichen werden. Gleichzeitig kann man diese Ergebnisse zur Steifigkeitsoptimierung der Karosserie verwenden. [131]

Bei klassischen Geräten zur Durchstrahlungsprüfung ist ein beidseitiger Zugang des Prüfobjekts erforderlich. Dieser Nachteil besteht nicht bei Röntgenscannern, die die zurückgestreute Röntgenstrahlung zur Erkennung von Materialstrukturen oder Defekten nutzen [39, 71].

Die RT, speziell mittels Röntgenstrahlung, gilt als eines der leistungsstärksten Werkzeuge im Bereich der ZfP. Sie ermöglicht es, Strukturen im gesamten Volumen von Objekten beliebiger Komplexität und aus fast allen Werkstoffen mit hoher Genauigkeit zu erfassen. CT-Verfahren in Kombination mit Methoden der computergestützten Bildverarbeitung werden in der Qualitätssicherung auch zum berührungslosen Messen von ansonsten unzugänglichen Bereichen eines Bauteils eingesetzt. Neben den hohen Kosten ist die gesundheitsschädliche Wirkung der Strahlung für den Menschen ein nicht unwesentlicher Nachteil der RT. Vorkehrungen zum Strahlenschutz sind daher unerlässlich.

2.1.5 Magnetpulverprüfung

In erster Linie ist die Magnetpulverprüfung (MT, auch MPT genannt) ein Verfahren, um Oberflächenfehler wie Risse oder Inhomogenitäten in Oberflächennähe von ausschließlich ferromagnetischen Werkstoffen (Eisen, Nickel, Cobalt, usw. mit $\mu_r \gg 1$) nachzuweisen. Bei der MT wird ein Prüfkörper bis zu seiner magnetischen Sättigung magnetisiert. Ein Defekt vermindert den Prüfkörperquerschnitt und verändert den Verlauf der magnetischen Flusslinien. Durch die Sättigungsmagnetisierung des Prüfkörpers ist die Reluktanz durch den Restquerschnitt ähnlich der durch den Defekt oder die umliegende Luft, sodass die magnetischen Feldlinien durch den Defekt und die umliegende Luft verlaufen. Der so aus dem Prüfkörper herausgedrängte magnetische Fluss wird als Streufluss bezeichnet. Feine ferromagnetische Partikel (in einer Trägerflüssigkeit supsendiert oder als trockenes Pulver fluoreszierend oder eingefärbt, mit möglichst hoher Permeabilität), werden gleichmäßig auf der Prüfkörperoberfläche aufgebracht. Infolge der Kraftwirkung des magnetischen Streuflusses auf die Partikel (Abmessungen im Mikrometerbereich) des Prüfmittels entstehen Partikelansammlungen im Bereich des Defekts (vgl. Abb. 2.4). Diese Anzeigen dienen nicht nur zur Erkennung des Defekts selbst, sondern können auch dessen Form und Verlauf entlang der Oberfläche weitestgehend darstellen (z.B. im Fall eines Risses). Es ist jedoch anzumerken, dass sich nur dann ein Streufluss an der Prüfkörperoberfläche bilden kann, wenn der Defekt quer zum Verlauf der magnetischen Flusslinien orientiert ist. Zur Identifikation möglichst aller Inhomogenitäten im Prüfkörper ist eine Magnetisierung in unterschiedlichen Richtungen erforderlich. Allerdings sind größere Defekte mit geringer Tiefe dennoch nur schwer zu erkennen.

Zur Magnetisierung des Prüfkörpers werden zwei Techniken unterschieden. Bei der Stromdurchflutung nutzt man das umgebende Magnetfeld eines Stroms durch den Prüfkörper selbst. Im Gegensatz dazu wird bei der Felddurchflutung das magnetische Feld durch eine Spule bzw. Elektromagneten oder einen Permanentmagneten (PM) erzeugt und gegebenenfalls mit Hilfe eines Jochs in den Prüfkörper eingebracht. Zur Vermeidung von Scheinanzeigen ist es notwendig, dass der Prüfkörper weitestgehend demagnetisiert ist. Besonders gut eignet sich die MT zur Untersuchung von Wellen, Zahnrädern, Schweißnähten, Lagern (Gleit- und Kugellagern) oder Lagerbuchsen auf Spannungsrisskorrosion, oberflächennahe Einschlüsse oder Fehler infolge mechanischer Bearbeitung. Auch Defekte unter Beschichtungen mit Schichtdicken von bis zu 50 μm sind ohne signifikante Verminderung der Anzeigeempfindlichkeit erkennbar.

Im Vergleich mit anderen ZfP-Verfahren ist die MT eine kostengünstige Methode, die auch an eingebauten Prüfobjekten durchführbar ist. Zudem sind Defekte mit Abmessungen von mehreren Mikrometern anhand der Partikelansammlungen einfach zu identifizieren. Jedoch lässt sich die MT nur schwer automatisieren und die Empfindlichkeit hängt stark von den Eigenschaften des Prüfmittels und der Oberflächenbeschaffenheit des Prüfkörpers ab.

Darüber hinaus ist zu beachten, dass Streufelder auch an scharfkantigen Übergängen, Kerben oder Absätzen von Bauteilen entstehen können. Insbesondere bei stark belasteten Teilen ist die Bauteilbeanspruchung aufgrund der Kerbwirkung in diesen Stellen besonders hoch, was dort vermehrt zu Spannungsrisskorrosion führt. Gerade an diesen Stellen ist besonders darauf zu achten, dass Scheinanzeigen, beispielsweise durch eine prüfgerechte Bauteilgestaltung, ausgeschlossen werden können. Weiterführende Informationen werden in [35, 56, 64, 134, 151] beschrieben.

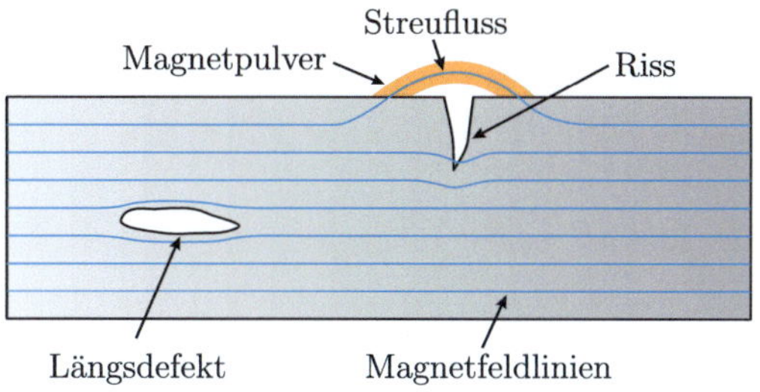

Abb. 2.4: Prinzip der Magnetpulverprüfung.

2.1.6 Elektromagnetische Prüfung

Die Elektromagnetische Prüfung (ET) umfasst mehrere Prüfverfahren zur Untersuchung elektrisch leitfähiger Werkstoffe. Dazu gehören unter anderem die Wirbelstromprüfung (ECT, engl. *Eddy Current Testing*), die Wirbelstromprüfung mittels Fernfeldtechnik (RFECT, engl. *Remote Field Eddy Current Testing*), *Alternating Current Field Measurement (ACFM), Pulsed Eddy Current Testing (PECT), Low Frequency Eddy Current Testing (LFECT)*, die magnetische Streuflussprüfung (MFL, engl. *Magnetic Flux Leakage*) sowie die bewegungsinduzierte Wirbelstromprüfung (MIECT). Alle elektromagnetischen ZfP-Verfahren basieren auf der Induktion von Wirbelströmen oder der Einkopplung eines magnetischen Feldes in einen Prüfkörper. Physikalische Effekte, die aufgrund der Wechselwirkung der induzierten Ströme oder des eingekoppelten Magnetfeldes mit einer Inhomogenität entstehen, werden gemessen, um letztere zu detektieren. Diese Effekte sind bei elektromagnetischen Verfahren immer von der elektrischen Leitfähigkeit bzw. der magnetischen Permeabilität des untersuchten Werkstoffs bzw. Materialgefüges abhängig. Folglich ist ein Defekt immer auf eine lokale Änderung der elektrischen Leitfähigkeit oder der magnetischen Permeabilität im Prüfkörper zurückzuführen. Auch die MT kann man in den Rahmen der elektromagnetischen Prüfverfahren einordnen, sie wird jedoch aufgrund ihrer weit verbreiteten Anwendung eher als eigenständige Prüfmethode angesehen. [12, 56, 58, 63, 64, 166]

2.1.6.1 Magnetische Streuflussprüfung

Bei der magnetischen Streuflussprüfung (MFL, engl. *Magnetic Flux Leakage Testing*) [58, 63, 166] wird das gleiche Prinzip wie bei der MT genutzt, um Defekte in ausschließlich ferromagnetischen Materialien nachzuweisen. Der Unterschied besteht jedoch darin, dass magnetische Streufelder nicht anhand von Ansammlungen feiner ferromagnetischer Partikel, sondern mit Magnetfeldsensoren wie Spulen, magnetoresitiven Sensoren oder Hall-Sensoren gemessen werden. Oftmals verwendet man mehrere dieser Magnetfeldsensoren in Form von Arrays zur schnelleren Prüfung größerer Oberflächen oder als Differenzsonden zur Kompensation äußerer Störfelder. Alternativ dazu ist es möglich, magnetisierbare Folien auf die Prüffläche aufzubringen und diese anschließend mit Hilfe von Magnetfeldsensoren auszuwerten [166].

Ein wesentlicher Vorteil der MFL gegenüber der MT ist, dass die elektrischen Ausgangssignale der Magnetfeldsensoren verstärkt, gefiltert, digitalisiert und zur späteren Bearbeitung auch gespeichert werden können. Insbesondere mit magnetoresistiven oder Hall-Sensoren kann man das magnetische Streufeld mit hoher Ortsauflösung bestimmen. Wegen der größeren Empfindlichkeit der Magnetfeldsensoren gegenüber den feinen ferromagnetischen Partikeln sind zudem kleinere Streufelder und somit auch Defekte in größerer Tiefe erkennbar. Auch Schwankungen der Wandstärke aufgrund von Korrosion oder Abrieb sowie Defekte an der Rückwand von Prüfkörpern sind nachweisbar, solange die Wandstärken nicht zu groß sind [151, 160]. Reimund et al. nutzen GMR-Sensoren (GMR, engl. *Giant Magnetoresistive*), um 3 µm breite und 30 µm tiefe Risse zu detektieren [120]. Aufgrund der digitalen Erfassung der Sensorsignale lässt sich die MFL vergleichsweise gut automatisieren und in die Fertigung von ferromagnetischen Halbzeugen integrieren. Es ist jedoch zu beachten, dass das magnetische Streufeld mit zunehmendem Abstand von der Oberfläche rasch abnimmt. Folglich können durch Schwankungen des Sensorabstands[1] Fehlanzeigen entstehen oder Defekte nicht erkannt werden. Aus diesem Grund sind mechanische Störungen wie Vibrationen zu vermeiden, während das Prüfsystem zum Scannen über die Bauteiloberfläche bewegt wird. Der Einfluss des Sensorabstands erschwert zusätzlich die Prüfung unregelmäßig gekrümmter Prüfkörperformen.

Neben dem weit verbreiteten Einsatz in der Produktion eignet sich die MFL auch für die Anwendung bei Serviceprüfungen oder Wartungsarbeiten am Einsatzort der Prüfgegenstände, wie beispielsweise im Fall von Rohren.

[1] Lichte Weite zwischen Oberfläche und Sensor [28].

2.1.6.2 Wirbelstromprüfung

Die Wirbelstromprüfung (ECT) [27, 56, 166] ist eine ZfP-Methode zur Prüfung elektrisch leitfähiger Materialien. Sie ermöglicht es, Defekte, die durch Korrosion oder Materialermüdung entstehen, zu erkennen und diese hinsichtlich deren Auswirkung auf die Bauteilqualität und -festigkeit zu bewerten. Bei der klassischen Wirbelstromprüfung (vgl. Abb. 2.5) wird in einer von einem Wechselstrom durchflossenen Spule ein zeitlich veränderliches Magnetfeld $\mathbf{B}^{(p)}$ erzeugt (Primär- oder Erregerfeld). Dieses induziert in einem elektrisch leitfähigen Prüfobjekt Wirbelströme $\mathbf{J}$ (Faraday'sches Induktionsgesetz). Die induzierten Wirbelströme wiederum erzeugen ein sekundäres Magnetfeld $\mathbf{B}^{(s)}$, welches, gemäß der Lenz'schen Regel, dem Erregerfeld entgegen gerichtet ist. Beide überlagern sich zum Gesamtmagnetfeld $\mathbf{B} = \mathbf{B}^{(p)} + \mathbf{B}^{(s)}$.

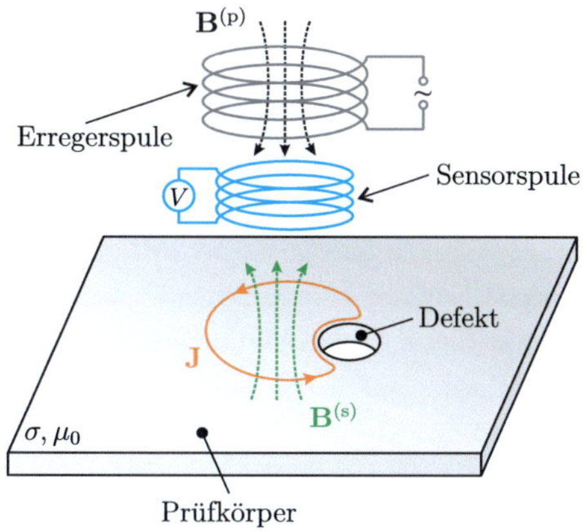

Abb. 2.5: Prinzip der klassischen Wirbelstromprüfung.

Die Induktion der Wirbelströme hängt von der elektrischen Leitfähigkeit des Probenmaterials ab. Eine Inhomogenität der elektrischen Leitfähigkeit (z.B. ein Riss, Lunker oder Einschluss) stört den ursprünglichen Verlauf der induzierten Wirbelströme im Prüfkörper und damit auch das sekundäre Magnetfeld. Infolge dessen ändert sich das Gesamtmagnetfeld. Diese Änderung ist mit Hilfe von Magnetfeldsensoren messbar und dient als Nachweis für das Vorhandensein eines Defekts. Bei der klassischen Wirbelstromprüfung wird entweder eine Spule verwendet, die gleichzeitig als Erreger- und Sensorspule dient oder eine Erregerspule in Kombination mit einer oder mehreren Sensorspulen (Sekundärspule oder auch *pick-up* Spule genannt), die untereinander verschaltet sein können (z.B. bei einer Differenzsonde) [166]. An dieser Stelle ist anzumerken, dass Defekte, die parallel zum Verlauf der Wirbelströme orientiert sind, nur bedingt detektiert werden können, da sie den Wirbelstromverlauf nicht oder nur geringfügig beeinflussen.

In Abhängigkeit der elektrischen Leitfähigkeit σ, der magnetischen Permeabilität μ sowie der Frequenz $\omega = 2\pi f$ des Primärfeldes, wird das induzierte Feld an die Oberfläche des

Prüfkörpers verdrängt. Dadurch konzentrieren sich die Wirbelströme an der Oberfläche des Prüfkörpers. Dieses Phänomen wird als *Skin-Effekt* bezeichnet. Die Eindringtiefe δ entspricht dem Abstand unterhalb der Prüfkörperoberfläche, bei dem die Wirbelstromdichte auf den $1/e$-ten Teil ihres Wertes an der Oberfläche abgefallen ist und kann mit

$$\delta = \sqrt{\frac{2}{\omega\sigma\mu}} \tag{2.1}$$

abgeschätzt werden. Aus diesem Grund ist die Wahl der Erregerfrequenz in der Regel ein Kompromiss zwischen der Tiefe, in der ein Defekt detektiert werden soll, und der Empfindlichkeit gegenüber Fehlern, insbesondere mit kleinen Abmessungen. Eine Erhöhung der Frequenz verringert die Eindringtiefe, erhöht aber die Auflösung und umgekehrt. Üblicherweise werden bei der klassischen Wirbelstromprüfung Frequenzen zwischen 200 Hz und 6 MHz verwendet. Darüber hinaus hängt die Induktion der Wirbelströme vom Sensorabstand, der Spulengeometrie sowie der Stärke des Erregerfeldes ab. Zusätzlich erschwert die Verzerrung der Wirbelströme im Bereich von Prüfkörperkanten (Kanteneffekt) die Materialprüfung. Typische Anwendungen der ECT sind die Untersuchung und Bewertung sicherheitsrelevanter Bauteile z.B. in Kernkraftwerken und Flugzeugen [87, 180] oder bei der Prüfung von Verbundmaterialien [129]. Weitere Anwendungsfelder sind die Material- und Schichtdickenmessung oder die Bestimmung von Materialparametern (magnetische Permeabilität oder elektrische Leitfähigkeit). Letztere ermöglicht die Sortierung unterschiedlicher Werkstoffe (z.B. Münzen in Automaten) oder die Prüfung der Werkstoffhärte. Automatisierte ECT-Prüfgeräte sind oftmals in der Halbzeugfertigung oder zur Inspektion von Pipelines zu finden. Die Wirbelstromprüfung kann jedoch im Rahmen von Wartungs- und Serviceprüfungen auch mit handgeführten Sonden durch einen Prüfer ausgeführt werden. Aufgrund der frequenzabhängigen Eindringtiefe des elektromagnetischen Feldes im Prüfkörper sowie der geringen räumlichen Auflösung bei niedrigen Frequenzen, ist die Detektion tiefliegender Inhomogenitäten erschwert. Deshalb kann die ECT als Oberflächenverfahren eingeordnet werden, welches vorzugsweise das Erkennen von Fehlern an oder in der Nähe der Oberfläche des Prüfobjekts ermöglicht. Für eine Erkennung von Fehlern, die sich in großem Abstand unter der Prüfkörperoberfläche befinden, sind Magnetfeldsensoren mit höher Empfindlichkeit erforderlich. Bei den sogenannten „hybriden“ ECT-Sensoren werden beispielsweise Hall-Sensoren [3, 44, 45], Förstersonden [86, 174], magnetoresistive Magnetfeldsensoren [116, 147, 181] oder supraleitende Induktionsspulen (SQUIDs, engl. *Superconducting Quantum Interference Devices*) [41, 73, 146] anstatt einer sekundären Spule verwendet. Weise [176] gibt eine Übersicht zu Arbeiten, die sich mit der detektierbaren Fehlertiefe im Rahmen der ECT befassen. Neuere ECT-Systeme erzeugen unter anderem Erregerfelder mit mehreren Frequenzen, um Bauteile in einem größeren Volumenbereich zu prüfen [19, 20, 38, 45, 103]. Dabei kann man den *Skin-Effekt* nutzen, um die Wandstärke des Bauteils oder die Defekttiefe abzuschätzen. Bei der gepulsten Wirbelstromprüfung (PECT) [1, 51, 54, 138, 192] wird die Erregerspule von einem rechteck-, dreieck- oder sägezahnförmigen Strom durchflossen. Diese

Signalformen besitzen ein breites Frequenzspektrum, sodass sowohl oberflächennahe als auch tiefliegende Fehler gleichzeitig geprüft werden können. Eine andere Methode, die üblicherweise zur Prüfung von ferromagnetischen Rohren (z.B. einer Pipeline) eingesetzt wird, ist die Fernfeld-Wirbelstromprüfung (RFECT) [104, 106, 141, 185]. Neben den bereits genannten, für bestimmte Anwendungsfälle weiterentwickelten ECT-Systeme, ermöglichen array-basierte Systeme eine größere Oberflächenabdeckung und erhöhen dadurch die Prüfgeschwindigkeit erheblich. Bei der Wirbelstrom-Array-Technik (ECA, engl. *Eddy Current Array*) befinden sich gleich mehrere Wirbelstromsonden in einem einzigen Sensor, wodurch zusätzlich die Zuverlässigkeit sowie die Wahrscheinlichkeit einer Fehlererkennung erhöht wird [67, 84, 98, 111, 186, 189]. Sun et al. [144] oder [36, 37] präsentieren flexible, array-basierte Systeme, welche sich adaptiv an die Form des zu prüfenden Objekts (z.B. unterschiedliche Rohrdurchmesser oder Schweißnähte) anpassen. Des Weiteren schlagen Ye et al. [187], Pasadas et al. [105] und Rossel et al. [129] die Verwendung flacher, spiralförmiger Leiterplattenspulen (pancake-coils) in Kombination mit magnetoresistiven Magnetfeldsensoren vor.

Wiederum ein anderer Ansatz besteht darin, durch eine geeignete Anordnung und Ansteuerung mehrerer Erregerspulen ein rotierendes Magnetfeld zur Induktion von Wirbelströmen zu nutzen [68, 121, 182, 186, 188]. Wu et al. [182] zeigen, dass es anhand der Temperaturverteilung an der Prüfoberfläche ebenfalls möglich ist Defekte im Inneren eines Prüfkörpers zu erkennen. Dabei wird ausgenutzt, dass die induzierten Wirbelströme den Prüfkörper erwärmen.

2.2 Bewegungsinduzierte Wirbelstromprüfung

Die Induktion von Wirbelströmen in einem elektrisch leitfähigen Prüfkörper ist nicht nur auf die Verwendung eines magnetischen Wechselfeldes beschränkt. MIECT-Verfahren nutzen die Relativbewegung zwischen einem magnetischen Feld und einem elektrisch leitfähigen Prüfobjekt zur Erkennung von Defekten oder zur Bestimmung von Materialeigenschaften [12]. Aufgrund der Relativbewegung werden, entsprechend dem Ohm'schen Gesetz für bewegte Leiter

$$\mathbf{J} = \sigma(\mathbf{E} + \mathbf{v} \times \mathbf{B}), \tag{2.2}$$

Wirbelströme im Prüfobjekt induziert. Dabei ist $\mathbf{J}$ die Stromdichte der induzierten Wirbelströme, $\mathbf{E}$ die elektrische Feldstärke und $\mathbf{v}$ die Relativgeschwindigkeit zwischen dem elektrischen Leiter und einer Magnetfeldquelle. Das Gesamtmagnetfeld $\mathbf{B} = \mathbf{B}^{(p)} + \mathbf{B}^{(s)}$ ergibt sich aus der Überlagerung des primären Magnetfelds (Erregerfeld) $\mathbf{B}^{(p)}$ mit dem sekundären Magnetfeld $\mathbf{B}^{(s)}$, hervorgerufen durch die induzierten Wirbelströme.

Wie auch bei der klassischen Wirbelstromprüfung wirken sich Anomalien in der elektrischen Leitfähigkeit auf das Gesamtmagnetfeld aus. Daher gibt es bei der MIECT zwei Ansätze, um Defekte zu detektieren oder Materialeigenschaften zu bestimmen:

1. Die Änderung des Gesamtmagnetfelds kann gemessen werden.
2. Mechanische Größen (z.B. Kraft, Drehmoment, Schwingverhalten des mechanischen Systems) können erfasst werden.

Aufgrund der Relativbewegung wirkt die Lorentzkraft sowohl auf den Prüfkörper, als auch auf die Magnetfeldquelle und beeinflusst dadurch das dynamische Verhalten des mechanischen Systems, mit dem beide relativ zueinander bewegt werden.

2.2.1 Bewegungsinduzierte Wirbelstromprüfung mittels Magnetfeldmessung

Ein MIECT-System, bei dem das Gesamtmagnetfeld zur Untersuchung von Aluminiumprüfkörpern genutzt wird, stellten Ramos et al. 2013 unter dem Namen *Velocity-Induced Eddy Current Testing* vor [118, 119]. Im Rahmen dieser Untersuchungen wird ein Sensorsystem, bestehend aus einer Gleichstromspule und einem GMR-Sensor (GMR), zur Messung des Gesamtmagnetfelds über den fixierten Prüfkörper bewegt. Mit diesem Sensorsystem können die durch einen zur Oberfläche hin geöffneten Defekt verursachten Störungen des Magnetfeldes erfasst werden.

In weiterführenden Untersuchungen werden anstatt der Gleichstromspule ein oder mehrere Permanentmagnete als Magnetfeldquelle und unterschiedliche Magnetfeldsensoren (GMR-Sensor, Hall-Sensor und differentielle Sensorspulen) eingesetzt [117, 125, 128]. Diese Untersuchungen zeigen, dass mit Hilfe von PM eine höhere Flussdichte und somit eine erhöhte induzierte Wirbelstromdichte im Inneren des Prüfkörpers erreichbar sind, was die Fehlerdetektion verbessert. Außerdem zeigt der Vergleich zwischen den verwendeten Magnetfeldsensoren, dass mit GMR-Sensoren ein Defekt lediglich beim Überqueren von dessen Kanten detektierbar ist. Zudem muss die Sensorausrichtung sorgfältig gewählt werden, um Sättigungseffekte zu vermeiden. Im Gegensatz dazu kann man mit Hall-Sensoren oder differentiellen Sensorspulen einen Defekt nicht nur an dessen Kanten, sondern unabhängig von der Lage des Magnetfeldsensors gegenüber dem Defekt, erkennen. Ein weiterer Unterschied zwischen den Magnetfeldsensoren besteht darin, dass mit Hilfe von Sensorspulen nur die zeitliche Änderung des magnetischen Flusses, verursacht durch einen Fehler, detektierbar ist, während mit einem einzelnen magnetoresistiven- oder Hall-Sensor stets das Gesamtmagnetfeld gemessen wird.

Velocity-Induced Eddy Current Testing eignet sich außerdem zur Detektion von Fehlern, die auf der Rückseite des Prüfobjekts eingebracht und nicht zur Prüffläche hin geöffnet sind [126, 127].

Sun et al. schlagen in [142, 143] ein alternatives Sensorsystem zur Untersuchung ferromagnetischer Prüfobjekte vor. Es besteht aus einem axial magnetisierten Zylindermagneten, dessen Magnetisierungsrichtung senkrecht zur Prüffläche orientiert ist, und einer an der Mantelfläche des PM befestigten Spule. Bei der Bewegung dieses Systems relativ zum Prüfkörper wird das Magnetfeld aufgrund von Defekten gestört. Anders als bei den bisher vorgestellten

Prinzipien resultiert die Störung nicht allein aus der Änderung des sekundären Magnetfelds der induzierten Wirbelströme infolge eines Defekts, sondern auch das primäre Magnetfeld wird durch den Einfluss der Defektgeometrie gestört. Insbesondere die Kanten eines Defekts beeinflussen den Verlauf der Feldlinien des primären Magnetfelds. Weil die Sensorspule nur die zeitliche Änderung des Gesamtmagnetfeldes erfasst, ist eine Relativbewegung zwischen Prüfobjekt und Sensorsystem unerlässlich. Alternativ dazu schlagen Xiao et al. [184] die Verwendung von Hall-Sensoren anstatt einer Sensorspule zur Messung des Gesamtmagnetfelds vor. Dies bringt den Vorteil mit sich, dass das Magnetfeld auch ohne Relativbewegung an einer bestimmten Position erfasst werden kann. Die Detektion eines Defekts erfolgt dann anhand des Vergleichs der an unterschiedlichen Positionen gemessenen Magnetfelder.

Die Autoren in [42] nutzen eine Anordnung von PM in Kombination mit einem Hall-Sensor zur Untersuchung von Prüfkörpern aus Aluminium (nicht-ferromagnetischer Werkstoff) und Stahl (ferromagnetischer Werkstoff) auf Defekte. Der Hall-Sensor befindet sich zusammen mit der Magnetanordnung in einem Gehäuse, welches relativ zum fixierten Prüfkörper bewegt wird. Im Rahmen dieser Studie werden für beide Werkstoffe sowohl numerische als auch experimentelle Untersuchungen mit unterschiedlichen Prüfgeschwindigkeiten durchgeführt. Dabei zeigen die Ergebnisse einen proportionalen Zusammenhang zwischen der induzierten Wirbelstromdichte und der Prüfgeschwindigkeit für den Prüfkörper aus Aluminium, jedoch nicht für den Prüfkörper aus Stahl. Die Ergebnisse der durchgeführten Simulationen mit dem ferromagnetischen Prüfkörper machen deutlich, dass das Gesamtmagnetfeld vorwiegend durch den Einfluss des Defekts selbst gestört wird (Verlauf der Magnetfeldlinien wird z.B. durch Defektkanten beeinflusst), und weniger durch das sekundäre Magnetfeld der induzierten Wirbelströme.

Chady et al. realisieren einen Prototypen, bestehend aus Hall-Sensoren und einer rotierenden Anordnung von PM zur Untersuchung von elektrisch leitfähigen Prüfobjekten mit ebenen Oberflächen [21,50]. Dabei sind mehrere Magnetsegmente zu einer Scheibe zusammengefasst, die in der Nähe der Prüfkörperoberfläche rotiert, um Wirbelströme im Prüfkörper zu induzieren. Zwischen der rotierenden Magnetanordnung und der Prüfkörperoberfläche befinden sich zwei Hall-Sensoren in Differenzanordnung zur Messung des Gesamtmagnetfeldes und zur Detektion von Defekten. Bei diesem System wird ein ähnlicher Ansatz (Rotation einer Magnetanordnung) verfolgt, wie im Rahmen dieser Arbeit.

2.2.2 Bewegungsinduzierte Wirbelstromprüfung durch Messung mechanischer Größen

In einer Studie von Tan et al. [145] rotiert ein diametral magnetisierter Zylindermagnet in unmittelbarer Nähe eines Prüfkörpers aus Kupfer. Dabei sind die Symmetrieachse des Magneten und die Prüfkörperoberfläche parallel zueinander ausgerichtet. Die Wechselwirkung der induzierten Wirbelströme mit dem magnetischen Erregerfeld bremst die Drehbewegung des PM. Anhand von Drehmomentmessungen ist es möglich, zwischen einem Prüfkörper mit Defekt und einem Prüfkörper ohne Defekt zu unterscheiden. Je größer ein Defekt ist, desto kleiner ist das auf den Magneten wirkende Bremsmoment und umgekehrt. Die experimentellen Untersuchungen zeigen darüber hinaus, dass der Drehmomentunterschied zwischen einer Messung mit und einer Messung ohne Fehler zunimmt, je höher die Drehzahl ist [145].

In der klassischen Wirbelstromprüfung nutzt man die Erregerspule selbst oder eine zweite, die sogenannte Sensorspule, um die zeitliche Änderung des Gesamtmagnetfelds zu erfassen und somit eine Anomalie zu detektieren. Li et al. [77] nutzen an Stelle der Sensorspule einen PM, welcher an einem Biegebalken montiert ist. Durch die Wechselwirkung des Magnetfelds des PM mit dem primären Magnetfeld der Erregerspule sowie dem sekundären Magnetfeld der induzierten Wirbelströme wirkt die Lorentzkraft auf den PM und verformt den Biegebalken. Da in die Erregerspule ein Wechselstrom eingespeist wird, sind das primäre und sekundäre Magnetfeld ebenfalls Wechselfelder. Folglich wird der Biegebalken zu einer Schwingung angeregt. Die Amplitude dieser erzwungenen Schwingung ändert sich, wenn ein Defekt den Verlauf der induzierten Wirbelströme stört. Die Auslenkung des Biegebalkens wird mit einem Rasterkraftmikroskop gemessen, was die Berechnung der auftretenden Lorentzkraft ermöglicht.

2.2.2.1 Lorentzkraft-Wirbelstromprüfung

Die Lorentzkraft-Wirbelstromprüfung ist ein MIECT-Verfahren zur zerstörungsfreien und berührungslosen Prüfung von Objekten aus elektrisch leitfähigen und nicht-ferromagnetischen Materialien. Sie basiert auf der Relativbewegung zwischen einem Magnetsystem (einzelner oder Anordnung mehrerer PM) und dem elektrisch leitenden Prüfobjekt. Aufgrund dieser Relativbewegung werden nach Gleichung (2.2) Wirbelströme im Prüfkörper induziert. Diese wiederum sind von einem sekundären Magnetfeld umgeben, welches dem primären Magnetfeld des Magnetsystems entgegen gerichtet ist und mit diesem interagiert. Die daraus resultierende Lorentzkraft $\mathbf{F}^{(\mathrm{L})}$ wirkt auf den Prüfkörper gleichermaßen wie auf das Magnetsystem $\mathbf{F}^{(\mathrm{PM})}$, jedoch in entgegengesetzter Richtung (drittes Newton'sches Axiom). Es gilt

$$\mathbf{F}^{(\mathrm{PM})} = -\mathbf{F}^{(\mathrm{L})} = \iiint_{V_\mathrm{P}} \mathbf{J} \times \mathbf{B} \, \mathrm{d}V, \tag{2.3}$$

wobei $V_\mathrm{P} = L_\mathrm{P} \cdot B_\mathrm{P} \cdot H_\mathrm{P}$ das Volumen des Prüfkörpers beschreibt. Eine Anomalie der elektrischen Leitfähigkeit im Materialgefüge des Prüfkörpers z.B. ein Defekt (Länge l_D, Breite b_D, Höhe h_D in der Tiefe d), Riss, Einschluss oder Lunker stört den Verlauf der induzierten Wirbelströme und folglich auch die resultierende Lorentzkraft (vgl. Abb. 2.6). Anhand der Störung im Kraftverlauf kann ein Defekt erkannt und möglicherweise später rekonstruiert werden. [9, 10, 12, 17, 82, 108, 170, 176, 190]

Das physikalische Prinzip der LET ist eine Analogie zur Lorentzkraft-Anemometrie (LFV) [153, 154]. Die LFV ist ein berührungsloses Verfahren zur Durchflussmessung elektrisch leitfähiger Fluide wie beispielsweise Flüssigmetall, Salz- oder Glasschmelzen mittels Lorentzkraft [52, 115]. Dabei wird ausgenutzt, dass die Lorentzkraft proportional zur Strömungsgeschwindigkeit der Flüssigkeit ist.

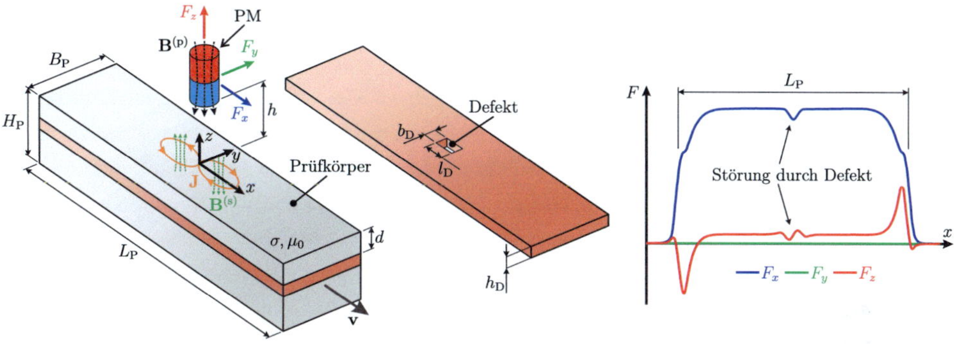

Abb. 2.6: Prinzip der LET (links) und qualitativer Kraftverlauf, wenn der Prüfkörper mittig unter dem PM hindurch bewegt wird (rechts).

Brauer et al. stellten die LET im Jahr 2008 als alternatives ZfP-Verfahren vor [10]. In dieser Arbeit konnten die Autoren erstmals experimentell zeigen, dass die auf ein Magnetsystem wirkende Lorentzkraft zur Detektion von Defekten genutzt werden kann. Um eine möglichst hohe Magnetflussdichte im Prüfkörpervolumen zu erzielen, sind mehrere PM seitlich zum bewegten Prüfkörper angeordnet und über einen Eisenrückschluss verbunden. Mittels eines eindimensionalen Kraftsensors wurde die Lorentzkraftkomponente in Bewegungsrichtung gemessen.

Auf dieser Studie aufbauend präsentieren Uhlig et al. einen neuen Versuchsaufbau zur experimentellen Validierung analytischer und numerischer Modelle für die LET [168]. Um die Komplexität des erzeugten Magnetfeldes zu verringern und um die analytische und numerische Modellierung im Vergleich zu Brauer et al. zu vereinfachen, wird in diesem Aufbau ein einzelner Zylindermagnet anstatt eines Magnetsystems genutzt. Außerdem bewegt sich der Prüfkörper während einer Messung mit geringem Abstand unter dem PM hindurch, dessen Magnetisierung senkrecht zur Oberfläche des Prüfkörpers orientiert ist (vgl. Abb. 2.6). Darüber hinaus ist der PM an einem dreiachsigen Kraftsensor montiert, um alle Komponenten der Lorentzkraft zu messen. Die im Rahmen dieser Studie an einem Prüfkörper aus Vollmaterial gemessenen Kraftkomponenten deuten zunächst auf eine qualitativ gute Übereinstimmung mit den numerisch berechneten hin. Jedoch zeigen die experimentellen Ergebnisse eine starke Störung durch Schwingungen mit einem kontinuierlich hohen Rauschanteil.

In [170] beschreibt Uhlig einen verbesserten Versuchsaufbau mit mehreren konstruktiven Maßnahmen zur Schwingungsminderung. Mit Hilfe von Dämpfungselementen sowie zusätzlicher Spannmittel zur Versteifung des gesamten mechanischen Aufbaus gelingt es, die Störung der einzelnen Kraftkomponenten zu verringern. Darüber hinaus werden verschiedene digitale Filter zur Unterdrückung bestimmter Frequenzen und des Rauschanteils angewandt, um die Fehlerdetektion zu verbessern.

Der Versuchsaufbau bietet zudem die Möglichkeit, Prüfkörper aus gestapelten Blechen gleicher Dicke zu prüfen. Indem die Position des Bleches, das den Fehler enthält, im Stapel geändert wird, können Messungen mit künstlichen Defekten in verschiedenen Tiefen durchgeführt werden. Anhand dieses Versuchsaufbaus präsentiert Uhlig einführende Studien, wie sich geometrische Parameter wie der Sensorabstand, die Magnetgröße oder die Tiefe eines Fehlers auf die Lorentzkraft auswirken. Zudem wird der Einfluss der Geschwindigkeit und der elektrischen Leitfähigkeit auf den Verlauf der einzelnen Lorentzkraftkomponenten untersucht. Des Weiteren ist es erstmals möglich, ganze Prüfkörperoberflächen zu scannen und anhand der gewonnenen C-Bilder auszuwerten.

Weiterführende Arbeiten von Carlstedt [17] und Weise [176] verbessern das Verständnis der LET sowie des zugrundeliegenden physikalischen Prinzips. Der überarbeitete und nochmals verbesserte Versuchsaufbau zusammen mit numerischen Simulationen des physikalischen Modells unter gleichzeitiger Berücksichtigung der Fehlerquellen ermöglichen es, die Abweichung zwischen Simulation und Experiment erheblich zu reduzieren.

Carlstedt befasst sich unter anderem mit der Verifizierung des Messsystems sowie der Klassifizierung und systematischen Beschreibung des Messverfahrens. Außerdem erweitert er die Darstellung der experimentellen Studien im Sinne eines realen Messprozesses nach dem *Guide to the Expression of Uncertainty in Measurement* (GUM), was erstmals eine statistische Auswertung der Messergebnisse ermöglicht. Darüber hinaus wird das Messsystem mit zusätzlichen Sensoren ergänzt, um die auftretenden Messkräfte sowie deren Wirkung auf den Messaufbau zeitlich zu erfassen. Im Rahmen einer Systemidentifikation wird ein mechanisches Modell zur mathematischen Beschreibung der Dynamik des Versuchsaufbaus entwickelt [14]. Dieses Modell beschreibt das dynamische Verhalten des Messsystems infolge der Rückwirkung der Lorentzkraft auf das Messsystem. Auf Basis des ermittelten mathematischen Modells ist es möglich, ein digitales Filter zu entwerfen, welches die dynamischen Störungen in den gemessenen Kraftkomponenten kompensiert. Dieses Kompensationsfilter wird mit einem zusätzlichen Tiefpassfilter kombiniert, um hohe Frequenzanteile zu unterdrücken, welche ansonsten durch das Kompensationsfilter verstärkt werden würden. Die Anwendung der digitalen Filter reduziert die Messfehler durch das frequenzabhängige Übertragungsverhalten des Messsystems und führt zu einem korrigierten Messergebnis für die einzelnen Lorentzkraftkomponenten. Durch diese Maßnahme wird eine gute Übereinstimmung zwischen den gefilterten Messergebnissen und den Ergebnissen der numerischen Feldberechnung erzielt. Gleichzeitig erhöht sich die Empfindlichkeit des Messprinzips für die Detektion kleiner Defekte.

Carlstedt et al. entwickeln in [18] Designregeln für die LET und formulieren auf Basis numerischer Untersuchungen Skalierungsregeln für den Entwurf zukünftiger LET-Systeme.

In dieser Studie werden zunächst die für das Problem maßgeblichen Gleichungen aufgestellt und die relevanten physikalischen Parameter, welche sich auf die interessierende Lorentzkraft **F** auswirken, identifiziert. Neben der Lorentzkraft sind dies die (Relativ-)Geschwindigkeit **v**, die magnetische Feldkonstante μ_0 und die elektrische Leitfähigkeit σ des Prüfkörpers sowie die Remanenzflussdichte $\mathrm{B_r}$ des PM, die Magnethöhe H_M, der Magnetdurchmesser D_M, der Sensorabstand h und die Prüfkörperdicke H_P. Daraus wird ein dimensionsloses Modell mit einer reduzierten Anzahl von Parametern abgeleitet. Untersuchungen zur Abhängigkeit der Lorentzkraft von den dimensionslosen Parametern führen zu einer verallgemeinerten Beschreibung der LET. Außerdem tragen sie zu einem besseren Verständnis der Zusammenhänge zwischen elektromagnetischen und geometrischen Größen bei.

Einer der dimensionslosen Parameter ist die magnetische Reynoldszahl R_m. Diese Kennzahl beschreibt das Verhältnis zwischen Konvektion und Diffusion des magnetischen Feldes und ist aus der Magnetohydrodynamik bekannt [23]. Aus [167] ergibt sich

$$R_\mathrm{m} = \mu\sigma v L, \tag{2.4}$$

wobei L eine problemspezifische charakteristische Länge ist. Für kleine magnetische Reynoldszahlen ($R_\mathrm{m} \leq 10^{-1}$) hängen die Lorentzkraftkomponente F_x proportional und die Lorentzkraftkomponente F_z quadratisch von der magnetischen Reynoldszahl ab. Während eine höhere Geschwindigkeit und eine höhere elektrische Leitfähigkeit des Prüfkörpers zu einem Anstieg der Lorentzkraft führen, zeigen die experimentellen Studien in [168] auch, dass die Lorentzkraft mit steigendem Sensorabstand abnimmt. Dies liegt an der Abnahme der magnetischen Flussdichte mit zunehmender Entfernung von der Magnetfeldquelle.

Uhlig et al. weiten das LET-Verfahren zur Bestimmung der elektrischen Leitfähigkeit des Prüfkörpers aus [169]. Dabei wird ausgenutzt, dass das Verhältnis $F_\mathrm{z}/F_\mathrm{x}$ proportional zur magnetischen Reynoldszahl ist. Die Studie zeigt, dass durch eine geschickte Wahl der charakteristischen Länge, die elektrische Leitfähigkeit unabhängig vom Magnetfeld des PM und vom Sensorabstand bestimmt werden kann. Unter der Annahme einer homogenen und isotropen Leitfähigkeitsverteilung sowie einer konstanten Geschwindigkeit ist die Leitfähigkeit des Prüfkörpers proportional zum genannten Verhältnis. Die sogenannte *Lorentz Force Sigmometry* ist somit ein kontaktloses und volumetrisches Verfahren zur Bestimmung der elektrischen Leitfähigkeit $\sigma = \beta F_\mathrm{z}/F_\mathrm{x}$ mit dem experimentell bestimmten Kalibrierfaktor β. [169]

In experimentellen Untersuchungen stellt Carlstedt fest, dass Schwankungen in der Messgeschwindigkeit ebenfalls zu Schwankungen im Kraftverlauf führen, was wiederum die Detektion von Fehlern erschwert [17]. Zu diesem Ergebnis kommen auch die theoretischen Untersuchungen von Weise et al. [179].

Darüber hinaus beeinflusst das Primärfeld des PM die gemessene Lorentzkraft und somit auch die Detektierbarkeit von Defekten [168,178]. Um Defekte erkennen zu können, die sich tief unter der Prüfkörperoberfläche befinden, ist es von besonderer Bedeutung, dass das primäre Magnetfeld möglichst tief in das Prüfmaterial eindringt. Zudem muss dessen magnetische

Feldenergie in großer Tiefe möglichst hoch sein. Im Gegensatz dazu ist es für die Detektion von kleinen Defekten (Abmessungen < 1 mm) in Oberflächennähe wichtig, dass das primäre Magnetfeld an der Oberfläche fokussiert wird. Die Forschungsergebnisse von Weise et al. [178] zeigen, dass sich zylinderförmige PM für die Erkennung tiefliegender Defekte besonders gut eignen. Optimierungsrechnungen kommen außerdem zu dem Ergebnis, dass zylinderförmige Halbach-Strukturen zu einer starken Fokussierung des Magnetfelds unter dem Magnetsystem führen. Durch die Verwendung von Magnetkomponenten mit einer hohen Sättigungsmagnetisierung wie beispielsweise FeCo, kann eine erhebliche Verstärkung der Remanenz an der Magnetoberfläche erzielt werden. Die Kombination dieser Magnetkomponenten mit einzelnen NdFeB-Magnetsegmenten (nominelle Remanenz 1.43 T) in einer Halbach-Struktur, führt zu einer Remanenzflussdichte von bis zu 2.7 T. Außerdem resultiert aus der Fokussierung des Magnetfeldes unterhalb des Magnetsystems eine höhere Ortsauflösung bei der Defekterkennung.

Aus den zuvor beschriebenen Studien geht hervor, dass die Lorentzkraft durch die Relativgeschwindigkeit, die elektrische Leitfähigkeit, den Sensorabstand und die Remanenz des PM beeinflusst wird. Eine anderer Ansatz ist es, diese Einflussparameter als statistisch verteilte Zufallsvariablen zu betrachten. Verfahren wie die *Monte-Carlo-Methode* oder *Generalized Polynomial Chaos* ermöglichen es, die Unsicherheit dieser Einflussgrößen im Rahmen der numerischen Berechnung zu berücksichtigen und für die zeitlichen Verläufe der Lorentzkraftkomponenten einen Vertrauensbereich anzugeben [177]. Der Vergleich zwischen den numerischen und experimentellen Ergebnissen zeigt, dass die ermittelten Kraftkomponenten einen qualitativ ähnlichen Verlauf aufweisen, allerdings nicht übereinstimmen. Jedoch liegen die gemessenen Kraftverläufe innerhalb des Vertrauensbereichs der numerisch berechneten. Dies zeigt auf der einen Seite, dass die verwendeten numerischen Modelle hinreichend genau sind, um die LET abzubilden und auf der anderen Seite, dass die betrachteten Eingangsparameter des experimentellen Aufbaus nicht exakt bekannt sind oder bestimmt werden können. Eine weitere Erkenntnis dieser Arbeit ist, dass die Unsicherheit der Remanenz des PM mit ca. 85% den größten Einfluss auf die Varianz der Lorentzkraft besitzt, gefolgt von der Unsicherheit im Sensorabstand mit einem Anteil von ca. 10%.

Anwendung der Lorentzkraft-Wirbelstromprüfung

In den ersten experimentellen Untersuchungen zur LET werden hauptsächlich Prüfkörper aus Vollmaterial (Aluminium, Kupfer, Edelstahl) untersucht, um analytische und numerische Modelle für die Beschreibung des zugrundeliegenden physikalischen Prinzips zu verifizieren [17, 168, 170]. Die Verwendung von Prüfkörpern aus gestapelten Blechen ermöglichen eine Variation der Defekttiefe, -größe und -form [15, 16, 170, 177]. Für diese Untersuchungen werden 25 Aluminiumbleche mit einer Höhe von 2 mm, einer Breite von 50 mm und einer Länge von 250 mm zu einem Prüfkörper gestapelt. Allerdings ist anzumerken, dass die Oxidschicht auf der Blechoberfläche den Fluss der Wirbelströme zwischen angrenzenden Blechen verhindert. Die

Wirbelströme umfließen einen Defekt daher nur in der horizontalen Ausbreitung des Blechs und nicht in vertikaler Richtung, wie es bei einem Prüfkörper aus Vollmaterial zusätzlich der Fall wäre.

Ein praxisrelevantes Anwendungsgebiet der LET stellt die Prüfung von Verbundwerkstoffen wie Alucobond[2], GLARE[3] (*Glass Laminate Aluminum Reinforced Epoxy*), kohlenstofffaserverstärkte Kunststoffe (CFK) oder glasfaserverstärkte Kunststoffe (GFK) dar. Die Forschungen zeigen, dass Defekte in Verbundmaterialien nur identifiziert werden können, wenn sie in den metallischen Schichten enthalten sind (Alucobond und GLARE). Bei diesen Verbundwerkstoffen ist es möglich, einen Fehler in der jeweiligen elektrisch leitfähigen Schicht nachzuweisen, jedoch nicht in einer angrenzenden, schwach leitfähigen Schicht. Im Fall von Verbundmaterialien wie GFK und CFK, deren elektrische Leitfähigkeiten um einige Größenordnungen kleiner sind als die von Metallen, können mit dem verwendeten LET-Messplatz keine Defekte erkannt werden. [8,12,17,48]

Eine weitere Anwendung ist die Untersuchung von Schweißnähten, die mittels Rührreibschweißen [83,155,193] hergestellt wurden. Mit Hilfe der LET können Schweißfehler wie Poren, Lunker, Einschlüsse und unzureichende Durchschweißungen erkannt werden [11,12].

Differenzieller Lorentzkraft-Wirbelstromsensor

Ein differenzieller Lorentzkraft-Wirbelstromsensor (DiLET-Sensor) besteht aus einer oder mehreren passiven Sensorspulen, die um ein Magnetsystem gewickelt und fest mit diesem verbunden sind [191]. Mit diesen Sensorspulen kann die zeitliche Änderung des magnetischen Flusses durch die jeweilige Sensorspule erfasst werden. Weil die Sensorspulen fest auf den PM aufgebracht sind, tritt eine zeitliche Änderung des magnetischen Flusses nur dann auf, wenn sich der sekundäre magnetische Fluss der induzierten Wirbelströme aufgrund einer Anomalie im Prüfkörper ändert. In den einzelnen Sensorspulen wird dadurch eine elektrische Spannung induziert, die proportional zur zeitlichen Änderung des sekundären magnetischen Flusses ist. Außerdem ist dieses Spannungssignal proportional zur Relativgeschwindigkeit zwischen dem Prüfkörper und dem Sensorsystem (bis zu mehreren m/s). Das Sensorsystem wird als DiLET-Sensor bezeichnet, weil die zeitliche Ableitung der induzierten Spannung proportional zur Lorentzkraftkomponente in Richtung der jeweiligen Symmetrieachse der Sensorspule ist. Im Vergleich zu Kraftsensoren auf Basis von Dehnungsmessstreifen können Anomalien mit höherer Empfindlichkeit und niedrigerer Fehldetektionsrate bei deutlich höheren Prüfgeschwindigkeiten erkannt werden. Dies ist ein entscheidender Vorteil, insbesondere wenn es darum geht Defekte in schwach elektrisch leitfähigen Objekten zu erkennen. In diesem Fall

[2]Alucobond ist ein Fassadenwerkstoff, bei dem ein Kern aus Polyethylen (3.5 mm stark) von zwei Aluminiumblechen (jeweils 0.5 mm dick) bedeckt ist.

[3]GLARE ist ein Verbundmaterial, das für Kabinenwände in Flugzeugen vom Typ Airbus A380 eingesetzt wird. Er besteht aus mehreren Schichten Aluminium (8 Schichten, je 0.4 mm dick) und glasfaserverstärktem Kunststoff (7 Schichten, je 0.25 mm dick), die abwechselnd miteinander verklebt sind (insgesamt 5 mm dick).

ist eine hohe Prüfgeschwindigkeit zur Induktion ausreichend starker Wirbelströme sowie ein empfindliches Sensorsystem erforderlich.

Carlstedt demonstriert die Anwendbarkeit eines einachsigen DiLET-Sensors anhand einer Prüfung an Verbundmaterial (GLARE) [17]. Bei dieser Messung ist eine Spule konzentrisch um die Zylinderfläche des PM gewickelt und dort befestigt. Mit dieser Spule wird somit die zeitliche Änderung des magnetischen Feldes senkrecht zur Prüfkörperoberfläche erfasst. Die Zeitableitung der während einer Messung in dieser Spule induzierte Spannung ist proportional zur Lorentzkraftkomponente in z-Richtung.

Lorentzkraft-Wirbelstromprüfung: Ansätze zur numerischen Berechnung

Abhängig von der Messgeschwindigkeit können zur numerischen Berechnung der Lorentzkraft auf einen elektrischen Leiter unterschiedliche Modellansätze verwendet werden [176]. Die Modellansätze unterscheiden sich in ihrem Rechenaufwand und der Behandlung des sekundären Magnetfelds $\mathbf{B}^{(s)}$. Für den Fall, dass die Prüfgeschwindigkeit gering ($v_x < 1\,\mathrm{m/s}$) bzw. die magnetische Reynoldszahl klein ist ($R_m \ll 1$), ist das sekundäre Magnetfeld vernachlässigbar gegenüber dem Primärfeld des PM $\left(\mathbf{B}^{(s)} \ll \mathbf{B}^{(p)}\right)$. Daher sind dessen Einfluss auf das Gesamtmagnetfeld sowie dessen zeitliche Änderung vernachlässigbar $\left(\frac{\partial \mathbf{B}^{(s)}}{\partial t} = 0\right)$. Dieser Modellansatz ist der mit dem geringsten Rechenaufwand und wird als *Weak Reaction Approach* (WRA) bezeichnet.

Bei moderaten Reynoldszahlen ($R_m \approx 1$) kann der quasistatische Ansatz (QSA, engl. *Quasi-Stationary-Approach*) angewandt werden. Gegenüber dem WRA steigt der Rechenaufwand, da das sekundäre Magnetfeld $\mathbf{B}^{(s)}$ berücksichtigt wird, jedoch nicht dessen Zeitableitung.

Für hohe Reynoldszahlen bzw. Prüfgeschwindigkeiten ist keine Vereinfachung mehr zulässig, sodass ein transienter Ansatz (TDA, engl. *Time-Dependent-Approach*) zur numerischen Berechnung notwendig ist. Die Modellgleichungen für eine zeitabhängige Betrachtung berücksichtigen sowohl den Einfluss des sekundären Magnetfelds auf das gesamte Magnetfeld, als auch dessen zeitliche Änderung für die Berechnung der induzierten Wirbelströme und der resultierenden Lorentzkraft. Weitere Einzelheiten zu den genannten Modellansätzen sowie dem Einfluss der jeweils getroffenen Vereinfachungen enthält [176].

Vergleich zwischen klassischer Wirbelstromprüfung und Lorentzkraft-Wirbelstromprüfung

Vergleichsstudien zwischen der klassischen ECT und der LET sind in [15, 16, 102] beschrieben. Sowohl ECT als auch LET basieren auf der Induktion von Wirbelströmen in einem elektrisch leitfähigen Prüfobjekt infolge eines zeitlich veränderlichen Magnetfeldes.

Wesentliche Unterschiede ergeben sich jedoch in der Form und Größe der induzierten Wirbelstromdichten sowie in der Methodik der Signalauswertung. Bei der klassischen ECT bilden sich kreisförmige[4] Wirbelströme im Prüfkörper aus, die konzentrisch zur Erregerspule verlaufen (vgl. Abb. 2.7 a). Im Gegensatz dazu bilden sich bei der LET zwei entgegengesetzt rotierende Stromwirbel mit der größten Wirbelstromdichte direkt unter dem PM (vgl. Abb. 2.7 b) aus. Eine Anomalie oder ein Defekt im Prüfkörper wird in der klassischen Wirbelstromprüfung anhand einer Änderung der Spulenimpedanz und in der LET anhand einer Störung im Kraftverlauf erkannt.

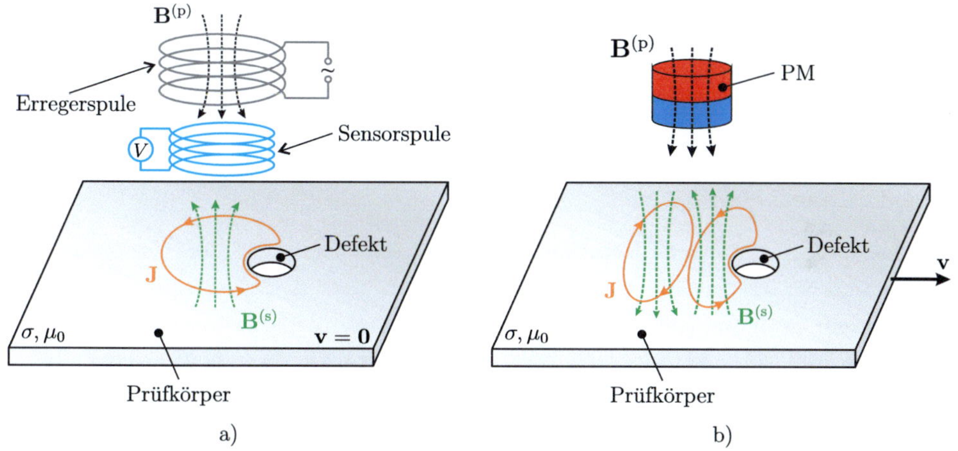

Abb. 2.7: Vergleich zwischen a) klassischer ECT und b) LET.

Beide Verfahren unterscheiden sich zudem in der Eindringtiefe der induzierten Wirbelströme. Bei ECT führt der *Skin-Effekt* zu einem schnellen Abfall der Wirbelstromdichte und begrenzt daher die Erkennung tiefliegender Defekte. Aus diesem Grund wird die klassische ECT auch als Oberflächenmethode eingeordnet. Zur Detektion tiefliegender Defekte muss die Prüffrequenz daher möglichst gering sein, wodurch sich erhöhte Anforderungen an die Auswerteelektronik ergeben.

Einen ähnlichen Einfluss wie die Frequenz beim *Skin-Effekt* hat die Geschwindigkeit im Bereich der LET. Für hohe Relativgeschwindigkeiten bzw. Reynoldszahlen ($R_m \gg 1$) werden die Magnetfeldlinien in Bewegungsrichtung verzerrt, was die Defekterkennung erschwert. Außerdem muss die Relativgeschwindigkeit zwischen dem Prüfkörper und dem PM hoch genug sein, um eine Lorentzkraft zu erzeugen, die ausreichend für die Defekterkennung ist. Dagegen ist es mit der ECT möglich, einen Prüfkörper an nur einer bestimmten Position zu untersuchen.

[4]Es wird angenommen, dass der Prüfkörper groß genug ist und die Prüfkörperkanten keinen Einfluss auf die induzierten Wirbelströme haben.

2.3 Zusammenfassung

Verfahren der ZfP werden in nahezu allen Phasen eines Produktlebenszyklus und in verschiedenen Industriezweigen wie beispielsweise

- der Öl- und Gasindustrie,
- der Luft- und Raumfahrt,
- der Automobilindustrie,
- im Bauwesen,
- der Fertigungsindustrie und
- der Energieerzeugung

eingesetzt. Ihr Aufgabenbereich reicht dabei von der Halbzeugprüfung, der Überwachung und Optimierung der Bauteilqualität während der Produktion über die Sicherstellung spezifizierter Anforderungen an fertige Produkte im Rahmen von Qualitäts-, Sicherheits- und turnusmäßigen Wartungskontrollen bis hin zur Zustandsüberwachung ganzer Anlagen und Prozesse während des Betriebs. Darüber hinaus werden ZfP-Verfahren für die Bestimmung von physikalischen und chemischen Materialparametern verwendet.

Bei korrekter Anwendung ist die ZfP in fast allen Industriezweigen ein unverzichtbares Instrument der Qualitätskontrolle und Qualitätssicherung, wodurch sie einen wesentlichen Anteil an

- der Senkung von Produktionskosten und Stillstandszeiten,
- der Gewährleistung eines einheitlichen Qualitätsniveaus sowie
- der Produktintegrität und -zuverlässigkeit

hat. Damit leistet die ZfP einen maßgeblichen Beitrag zur Vermeidung von Unfällen mit Gefährdung von Menschenleben und schweren Sach- und Umweltschäden.

Jedes ZfP-Verfahren hat Vor- und Nachteile und ist für bestimmte Einsatzzwecke und Prüfsituationen (Einsatzort, zu prüfender Werkstoff, Beschaffenheit des Prüfkörpers, usw.) besser oder schlechter geeignet (siehe Abschnitt 2.1). Besonders bei sicherheitsrelevanten Bauteilen sollte daher schon in der Gestaltungsphase berücksichtigt werden mit welchem Verfahren und unter welchen Prüfbedingungen die einwandfreie Funktion des Bauteils sichergestellt werden kann.

Im Rahmen der ZfP ist die bewegungsinduzierte Wirbelstromprüfung eine Untergruppe der ECT und somit in den Bereich der elektromagnetischen Prüfverfahren einzuordnen. MIECT-Verfahren basieren auf der Induktion von Wirbelströmen durch die Relativbewegung zwischen einer Magnetfeldquelle und einem elektrisch leitfähigen Prüfkörper.

Prinzipiell sind zwei verschiedene Ansätze zur Detektion von Defekten oder zur Bestimmung von Materialeigenschaften zu unterscheiden:

1. MIECT-Verfahren, bei denen das Magnetfeld oder dessen zeitliche Änderung mittels Magnetfeldsensoren gemessen wird (siehe Abschnitt 2.2.1).

2. MIECT-Verfahren, bei denen mechanische Größen (Kraft, Drehmoment, Schwingverhalten) erfasst werden (siehe Abschnitt 2.2.2).

Bei letzteren wird ausgenutzt, dass das sekundäre Magnetfeld der induzierten Wirbelströme mit dem primären Magnetfeld der Magnetfeldquelle interagiert. Die Lorentzkraft wirkt sowohl auf den Prüfkörper, als auch auf die Magnetfeldquelle und beeinflusst das dynamische Verhalten des mechanischen Systems, mit dem der Prüfkörper und die Magnetfeldquelle relativ zueinander bewegt werden.

Neben dem Messprinzip unterscheiden sich die bekannten MIECT-Verfahren in der verwendeten Magnetfeldquelle (stromdurchflossene Spule, einzelner PM, Anordnung von PM), der Relativbewegung zwischen Prüfkörper und Magnetfeldquelle (translatorisch, rotatorisch) sowie deren Ausrichtung zueinander (senkrecht, horizontal, zeitabhängig).

Die vorgestellten Untersuchungsergebnisse zeigen, dass die Empfindlichkeit der MIECT-Verfahren gegenüber Defekten

- vom Primärfeld der Magnetfeldquelle (Flussdichte und Feldverteilung im Prüfkörperwerkstoff),

- von den Materialeigenschaften (elektrische Leitfähigkeit, Permeabilität) bzw. den Eigenschaftsunterschieden zwischen dem Defekt und dem Prüfkörper,

- von der Relativgeschwindigkeit (zeitliche Änderung der Flussdichte im Prüfkörper),

- vom Sensorabstand sowie

- von der Sensitivität des verwendeten Messprinzips

abhängt.

Für die Detektion tiefliegender Defekte sollte die Primärfeldstärke möglichst groß sein und den Prüfkörper weit durchdringen, um für die Defektdetektion ausreichend große Wirbelstromdichten zu induzieren. Im Gegensatz dazu ist es für die Detektion kleiner, oberflächennaher Defekte mit hoher Ortsauflösung erforderlich, das Primärfeld und somit die induzierten Wirbelströme möglichst an der Prüfkörperoberfläche zu konzentrieren. Wie weit das primäre Magnetfeld in den Prüfkörper eindringt hängt vom Sensorabstand, der Magnetfeldquelle (z.B. einzelner Zylindermagnet, Fokussierung des Magnetfelds durch eine Magnetanordnung) und der Orientierung deren Magnetisierungsrichtung gegenüber dem Prüfkörper ab.

Zur Steigerung der Empfindlichkeit gegenüber Defekten ist es zweckmäßig den Sensorabstand zu verringern und die Relativgeschwindigkeit zu erhöhen. Allerdings ist zu berücksichtigen, dass die Induktion der Wirbelströme von der Relativgeschwindigkeit abhängt. Bei hohen Geschwindigkeiten werden die induzierten Wirbelströme an die Oberfläche des Prüfkörpers verdrängt, was die Detektion tiefliegender Defekte erschwert (siehe Abschnitt 2.2.2.1).

In den letzten Jahren wurden vermehrt MIECT-Verfahren entwickelt und im Rahmen von Laborexperimenten untersucht. Die Bewertung des Autors lautet: Von diesen Systemen eignen sich nur wenige für eine handgeführte Untersuchung von Prüfkörpern im eingebauten Zustand und an einer lokalen Position des Bauteils (siehe [21, 145]). Aufgrund der verwendeten Magnetfeldquellen in Kombination mit deren Relativbewegung gegenüber dem Prüfkörper und dem verwendeten Messprinzip sind diese Systeme nur bedingt für die Detektion tiefliegender Defekte geeignet.

KAPITEL 3

Entwicklungsprozess eines portablen Systems zur bewegungsinduzierten Wirbelstromprüfung

Ziel des Entwicklungsprozesses ist es, ein geeignetes Prinzip für ein PMIECT-System zu finden. Auf Basis der Erkenntnisse zum Stand der Technik werden die Anforderungen an das zu entwickelnde System präzisiert. Im Rahmen der Ideenfindung werden verschiedene Realisierungsmöglichkeiten diskutiert und die Funktionsweise der beiden favorisierten Lösungsvarianten erläutert.

In Abschnitt 3.3 ist das Messsystem zur experimentellen Untersuchung der favorisierten Lösungsvarianten beschrieben. Dies beinhaltet die konstruktive Gestaltung der beiden Varianten, die Struktur des Messsystems und das entwickelte Messprogramm zur Durchführung der Experimente.

3.1 Präzisierung der Anforderungen an das Sensorsystem

Ausgehend von den theoretischen und experimentellen Studien zur LET (siehe Abschnitt 2.2.2.1), ist es das Ziel einen Paradigmenwechsel zu vollziehen und ein portables MIECT-System zu entwickeln. Im Gegensatz zur LET wird bei einem portablen MIECT-System das Sensorsystem gegenüber einem fixierten Prüfkörper bewegt. Der Schwerpunkt des Entwicklungsprozesses liegt dabei auf der Entwicklung eines Messprinzips, welches das Potential bietet:

- das Sensorsystem als handgeführtes Gerät zur manuellen Prüfung elektrisch leitfähiger Prüfkörper einzusetzen, um dadurch
- Prüfkörper in einem bestimmten Bereich der Prüffläche auf Defekte zu untersuchen und somit
- Bauteile auch im eingebauten Zustand und an ihrem Einsatzort zu prüfen.

Dies bedeutet für den späteren Einsatz, dass das Sensorsystem von einem Prüfer manuell an einer bestimmten Stelle der Prüffläche positioniert wird, um den Prüfkörper an dieser Position beziehungsweise in einem bestimmten Bereich in der Umgebung dieser Position zu untersuchen.

Im Sinne einer hohen Effizienz bei der Interpretation des Messergebnisses, soll das Messprinzip nur im Fall eines Defekts ein Signal liefern. Darüber hinaus wird Robustheit gegenüber Störeinflüssen (z.B. Vibrationen, Stößen, usw.) erwartet. Außerdem ist es notwendig, dass äußere Störeinflüsse auf das Messsignal eindeutig von den Einflüssen eines Defekts auf das Messsignal zu unterscheiden sind.

Das Ergebnis des Entwicklungsprozesses ist ein Prototyp des Sensorsystems, dessen Eignung zur Detektion[1] von Defekten anhand experimenteller Untersuchungen nachgewiesen werden soll. Sowohl der Prototyp, als auch das zugehörige Messsystem sind daher so zu gestalten, dass die Untersuchungen unter definierten und reproduzierbaren Prüfbedingungen durchführbar sind.

Es ist bekannt, dass die Prüfung an gekrümmten Prüfflächen und Prüfkörperkanten mit Verfahren der Wirbelstromprüfung erschwert ist (vgl. Unterabschnitt 2.1.6.2). Üblicherweise bedarf es für diese Anwendungsfälle einer problemspezifischen Anpassung der Sonde. Deshalb werden im Rahmen dieser Arbeit ausschließlich elektrisch leitfähige und nicht-ferromagnetische Prüfkörper mit einer planen Prüffläche untersucht. Deren Größe ist so gewählt, dass die Außenkanten des Prüfkörpers das Messergebnis nicht beeinflussen.

[1]In dieser Arbeit bedeutet die Detektion eines Defekts die Erkennung, ob ein Defekt im Prüfkörper vorhanden ist oder nicht. Diese Entscheidung basiert auf der Analyse der gemessenen physikalischen Größen. Es geht weder um die Lösung der inversen Aufgabe bei der mit Hilfe der gemessenen physikalischen Größen Defekteigenschaften (Größe, Form und Lage im Prüfkörper) bestimmt werden, noch um die Beurteilung inwieweit sich ein Defekt auf den weiteren Einsatz des Prüfkörpers auswirkt.

3.2 Ideenfindung

Jedes MIECT-System basiert auf der Relativbewegung zwischen einer Magnetfeldquelle und einem elektrisch leitfähigen Prüfobjekt zur Induktion von Wirbelströmen. Ein Defekt im Prüfkörper stört die Verteilung der induzierten Wirbelströme und letztlich das Gesamtmagnetfeld. Mit Hilfe eines geeigneten Messprinzips kann die Störung des Gesamtmagnetfelds und somit der Defekt detektiert werden (siehe Abschnitt 2.2).

Durch die Kombination unterschiedlicher Ausführungsformen einer Magnetfeldquelle, deren Relativbewegung gegenüber dem Prüfkörper sowie einem Messprinzip lassen sich verschiedene, unterschiedlich geeignete Varianten von MIECT-Systemen ableiten (vgl. Abb. 3.1).

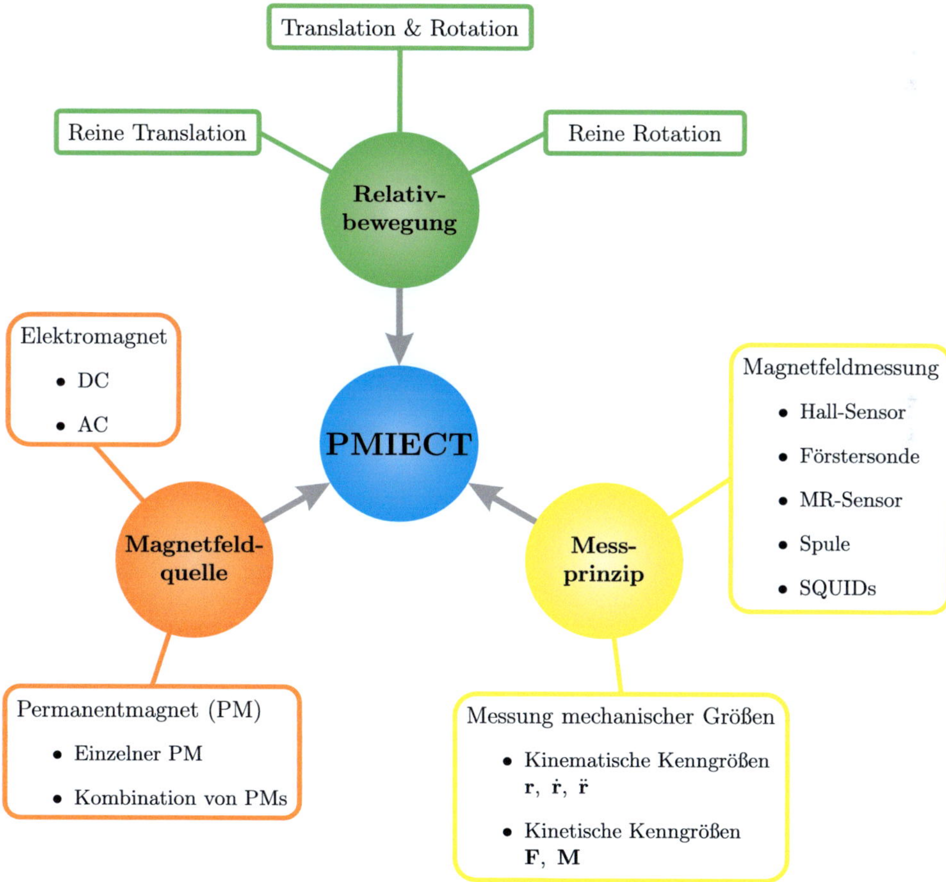

Abb. 3.1: Erforderliche Bestandteile zur Realisierung eines PMIECT-Systems.

Als Magnetfeldquellen können Elektromagnete oder Permanentmagnete bzw. eine Kombination aus beiden genutzt werden. Ein Elektromagnet (stromdurchflossene Spule) kann dabei als Gleichstrom (DC)- oder Wechselstrom- (AC) Magnet ausgeführt sein. Bei der Verwendung von Permanentmagneten ist zwischen einzelnen Permanentmagneten sowie Anordnungen von mehreren Permanentmagneten zu unterscheiden. Weitere Varianten ergeben sich, wenn die Ausrichtung der Magnetisierung der PM gegenüber dem Prüfkörper berücksichtigt wird.

Die Magnetfeldquelle kann translatorisch und rotatorisch gegenüber dem Prüfkörper bewegt werden. Daraus resultieren unterschiedliche Trajektorien für die Relativbewegung. Jede dieser Trajektorien beinhaltet Informationen über

- die Form der Bahn (Schraube, Kreisbahn, Gerade, usw.),
- die Dimension der Bahn (1D, 2D, 3D) und
- die Bahngeschwindigkeit.

Eine zusätzliche Information ist die Orientierung der Magnetfeldquelle gegenüber dem Prüfkörper während der Bewegung.

Um die Störung des Gesamtmagnetfelds aufgrund eines Defekts zu detektieren, gibt es zwei Ansätze. Zum Einen kann man das Gesamtmagnetfeld oder dessen zeitliche Änderung mittels Magnetfeldsensoren erfassen[2]. Zum Anderen ist es möglich mechanische Größen zu messen. Die Wechselwirkung des sekundären Magnetfelds mit dem Erregerfeld wirkt der Bewegung der Magnetfeldquelle entgegen. Folglich ist es möglich die an der Magnetfeldquelle angreifenden Kräfte und Momente zu messen. Hierbei ist zu beachten, dass die gemessenen Kräfte und Momente unter Umständen von Antriebskräften und -momenten überlagert sind, was eine Defektdetektion erschweren kann.

Weiterhin besteht die Möglichkeit das dynamische Verhalten des mechanischen Systems anhand kinematischer Kenngrößen (Weg $\mathbf{r} = \left[r_x, r_y, r_z\right]^T$, Geschwindigkeit $\dot{\mathbf{r}}$ und Beschleunigung $\ddot{\mathbf{r}}$) zu analysieren. Schwingt die Magnetfeldquelle beispielsweise gegenüber dem Prüfkörper (erzwungene Schwingung), so wird das Schwingverhalten des mechanischen Systems durch die Wechselwirkung des sekundären mit dem primären Magnetfeld beeinflusst. Da sich das sekundäre Magnetfeld im Fall eines Defekts von dem im defektfreien Fall unterscheidet, ist auch das Schwingverhalten in beiden Fällen unterschiedlich. Für ein solches Prinzip ist es erforderlich, das Messergebnis immer mit einem Referenzergebnis im defektfreien Fall zu vergleichen, um zu bewerten, ob ein Defekt vorhanden ist oder nicht.

Berücksichtigt man die Erkenntnisse bekannter Arbeiten zu MIECT-Verfahren (siehe Abschnitt 2.2) und die zuvor formulierten Anforderungen an das PMIECT-System, so kann die Anzahl möglicher Lösungsvarianten eingegrenzt werden.

[2]In Anhang A.1 sind die physikalischen Prinzipien für die im Bereich der elektromagnetischen Prüfung am häufigsten eingesetzten Magnetfeldsensoren beschrieben. Diese wurden für die Auswahl einer geeigneten Lösungsvariante berücksichtigt.

Das sekundäre Magnetfeld der induzierten Wirbelströme und somit das Gesamtmagnetfeld ändert sich, wenn sich die Verteilung der induzierten Wirbelstromdichte $\mathbf{J}$ gemäß Gleichung (2.2) mit

$$\mathbf{J} = \sigma(\mathbf{E} + \dot{\mathbf{r}} \times \mathbf{B})$$

ändert. Dabei beschreibt $\mathbf{v} = \dot{\mathbf{r}} = \left[\dot{r}_x, \dot{r}_y, \dot{r}_z\right]^T$ die Geschwindigkeit der Magnetfeldquelle gegenüber dem Prüfkörper entlang einer vorgegebenen Trajektorie. Zugunsten einer möglichst eindeutigen Interpretation des Messergebnisses, sollte sich die Wirbelstromverteilung im Prüfkörper nur aufgrund eines Defekts ändern. Deshalb sollte die Magnetfeldquelle mit konstanter Geschwindigkeit $|\dot{\mathbf{r}}|$ bewegt werden und das Magnetfeld der Quelle konstant sein (DC-Elektromagnet, Permanentmagnet). Da die magnetische Flussdichte mit zunehmendem Abstand von der Magnetfeldquelle abnimmt, ist eine Änderung des Sensorabstands während der Bewegung gleichbedeutend mit einer zeitlichen Änderung des Erregerfelds, wodurch sich die Wirbelstromverteilung auch im defektfreien Fall ändert. Letztlich erschwert dies die Interpretation des Messergebnisses. Aus diesen Gründen können die Bewegungsmöglichkeiten auf ebene Bewegungen mit konstantem Sensorabstand eingegrenzt werden.

Die bei der Ideenfindung konkretisierenden Lösungsvarianten werden auf Grundlage der Anforderungen an das PMIECT-System bewertet. Zugunsten einer kompakten Darstellung der Ergebnisse werden mit dem differentiellen und dem absoluten PMIECT-System nur die beiden favorisierten Lösungsvarianten erläutert.

3.2.1 Prinzip des absoluten PMIECT-Systems

Das Prinzip eines absoluten Sensorsystems ist in Abbildung 3.2 dargestellt. Zwei axial magnetisierte Zylindermagnete sind an einer Antriebswelle montiert, die mit konstanter Drehzahl n_0 rotiert. Dadurch bewegen sich die beiden Magnete mit konstanter Geschwindigkeit entlang einer Kreisbahn, wobei der Abstand zur Prüffläche konstant ist. Des Weiteren ist die rotierende Magnetanordnung von einer Luftspule umgeben. Diese ist konzentrisch zur Kreisbahn der Permanentmagnete ausgerichtet und am Gestell des Sensorsystems befestigt.

Gemäß dem Faraday'schen Induktionsgesetz gilt für die induzierte Spannung u in der Spule mit N Windungen

$$u = -N\frac{\mathrm{d}\Phi}{\mathrm{d}t}, \tag{3.1}$$

und dem magnetischen Fluss Φ durch die Querschnittsfläche A der Spule

$$\Phi = \int_A \mathbf{B} \cdot \mathrm{d}\mathbf{A} = \int_A B_z \mathrm{d}A. \tag{3.2}$$

Durch die Relativbewegung zwischen den Permanentmagneten und dem Prüfkörper werden in letzterem Wirbelströme induziert. Deren sekundäres Magnetfeld $\mathbf{B}^{(\mathrm{s})}$ ist dem Primärfeld $\mathbf{B}^{(\mathrm{p})}$ der Permanentmagnete überlagert.

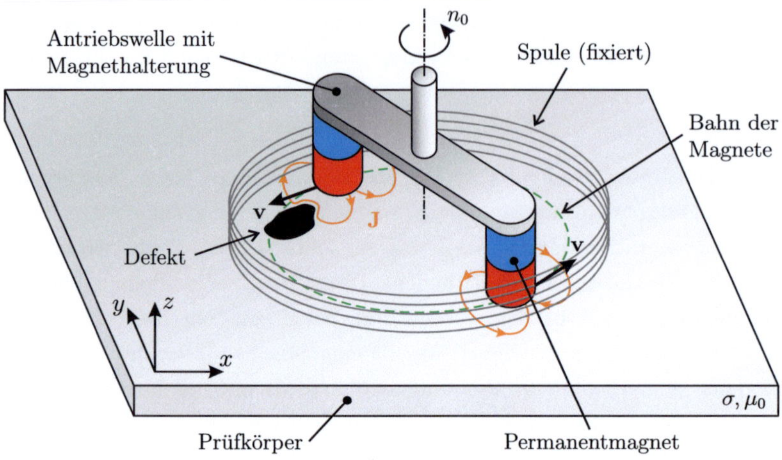

Abb. 3.2: Prinzip eines absoluten PMIECT-Systems.

Für den Fall, dass sich kein Defekt im Prüfkörper befindet, ist das Gesamtmagnetfeld $\mathbf{B} = \mathbf{B}^{(p)} + \mathbf{B}^{(s)}$ und somit der magnetische Fluss Φ durch die Querschnittsfläche der Spule zeitlich konstant ($\mathrm{d}\Phi/\mathrm{d}t = 0$). Daher ist bei einem idealen System die induzierte Spannung im defektfreien Fall Null.

Wenn sich ein Defekt im Bereich der induzierten Wirbelströme befindet, wird deren Verlauf und sekundäres Magnetfeld gestört. Folglich ändert sich der magnetische Fluss durch die Spule und somit auch die induzierte Spannung u immer dann, wenn einer der beiden Permanentmagnete den Defekt passiert. Da jeder Permanentmagnet den Defekt einmal je Umdrehung passiert, ändert sich der magnetische Fluss durch die Spule periodisch. Demnach ist zu erwarten, dass auch die induzierte Spannung einen periodischen Verlauf besitzt. Die Frequenz des Spannungssignals wiederum ist abhängig von der Drehzahl n_0 und der Anzahl der Permanentmagnete.

3.2.2 Prinzip des differentiellen PMIECT-Systems

Das Sensorsystem des differentiellen Systems besteht aus einer rotierenden Magnetanordnung und mehreren, am Gestell des Sensorsystems befestigten Luftspulen (Abb. 3.3). Die Magnetanordnung bilden zwei identische, axial magnetisierte Zylindermagnete, die an einer Antriebswelle befestigt und symmetrisch zu deren Rotationsachse angeordnet sind. Durch die konstante Drehzahl n_0 der Antriebswelle bewegen sich die Magnete mit konstanter Geschwindigkeit auf einer Kreisbahn. Währenddessen ist der Abstand zur Prüffläche konstant. Die Spulen sind kreisförmig um die Bahn der Magnete angeordnet und haben den gleichen Abstand zur Rotationsachse. Dabei liegen sich jeweils zwei Spulen gegenüber (symmetrisch zur Rotationsachse der Antriebswelle). Immer dann, wenn ein Magnet eine der Spulen (Windungszahl N, Querschnittsfläche A) passiert, wird in dieser gemäß dem Faraday'schen Induktionsgesetz (3.1) eine elektrische Spannung induziert.

Wegen der Topologie des Systems bewegt sich immer zur gleichen Zeit jeweils ein Permanentmagnet an zwei gegenüberliegenden Spulen S_i und S'_i vorbei. Bei einem idealen System und einem Prüfkörper ohne Defekt wird demnach in beiden Spulen die gleiche Spannung u_{S_i} induziert. In diesem Fall ist das Differenzsignal $\Delta u_\mathrm{i} = u_{S_\mathrm{i}} - u_{S'_\mathrm{i}}$ Null.

Ein Defekt im Bereich einer der beiden Spulen stört den Verlauf der induzierten Wirbelströme und somit das Gesamtmagnetfeld $\mathbf{B}$. Daher ist die zeitliche Änderung des magnetischen Flusses in den gegenüberliegenden Spulen unterschiedlich. Infolgedessen unterscheiden sich die induzierten Spannungssignale und das Differenzsignal Δu_i ist verschieden von Null.

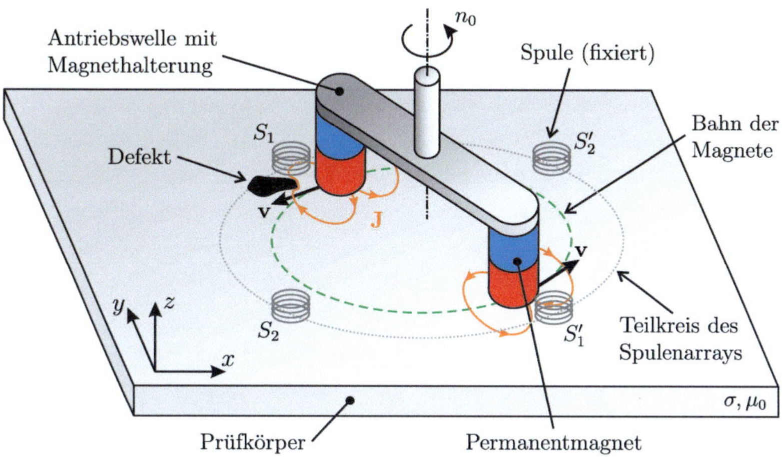

Abb. 3.3: Prinzip eines differentiellen PMIECT-Systems.

3.3 Entwurf des Messsystems zur Verifizierung der favorisierten Lösungsvarianten

In diesem Abschnitt wird das entwickelte Messsystem zur Durchführung der experimentellen Studien für die favorisierten Lösungsvarianten beschrieben. Zunächst werden die Anforderungen an die Versuchsaufbauten formuliert, die konstruktive Umsetzung der PMIECT-Systeme erläutert und die Struktur des Messsystems erklärt. Die Beschreibung des entwickelten Messprogramms zur Durchführung der Experimente erfolgt in Unterabschnitt 3.3.3.

Bei dem in der Arbeit zu entwickelnden Messsystem geht es auf dieser Stufe nicht um eine unmittelbare Produktentwicklung. Der Autor folgt bei seinem methodischen Vorgehen aber den

Richtlinien des Konstruktiven Entwicklungsprozesses (KEP) [74, 75] und der Entwicklungsmethodik für mechatronische Systeme [171, 172].

3.3.1 Konstruktive Gestaltung der Lösungsvarianten

Die Versuchsaufbauten der beiden favorisierten Lösungsvarianten sind so gestaltet, dass Messungen unter reproduzierbaren Bedingungen durchgeführt werden können. Neben der Berücksichtigung ökonomischer Rahmenbedingungen und der Anforderungen an die Materialfestigkeit, sind die entsprechenden Komponenten sowie die Werkstoffe der Konstruktionsbauteile so gewählt, dass mögliche Störeinflüsse auf das Messsystem vermieden werden.

3.3.1.1 Konstruktive Umsetzung des absoluten PMIECT-System

Ein stark vereinfachtes technisches Prinzip des experimentellen Aufbaus für das absolute PMIECT-System ist in Abb. 3.4 dargestellt. Die Magnetanordnung besteht aus zwei gegenüberliegenden, axial magnetisierten Neodym-Eisen-Bor (NdFeB) Zylindermagneten und ist konzentrisch zu der am Gestell des Sensorsystems fixierten Luftspule ausgerichtet. Außerdem sind die Magnetisierungen der Magnete gleich orientiert.

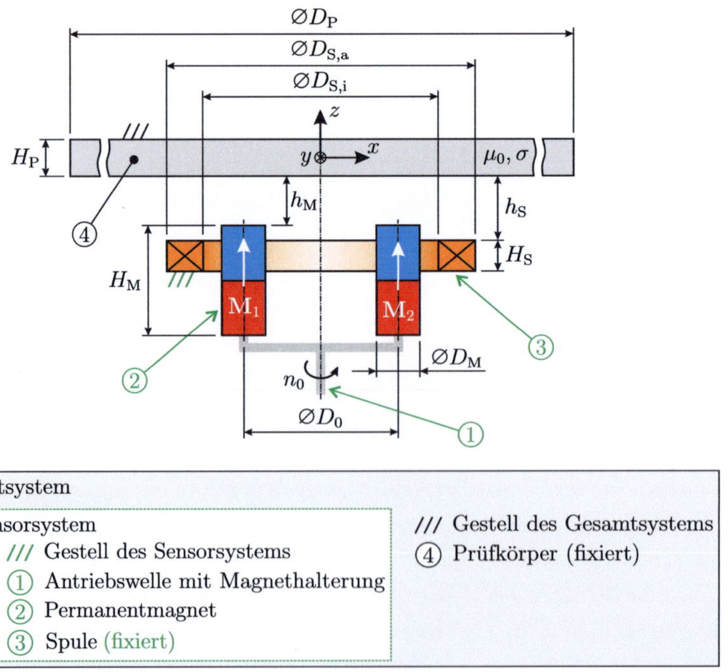

Abb. 3.4: Parameter des experimentellen Aufbaus für das absolute PMIECT-System.

Die Magnetanordnung selbst ist an der Antriebswelle befestigt. Letztere wird über eine Oldham-Kupplung [130] von einem Gleichstrommotor (vgl. 3.3.2) angetrieben, sodass sie während einer Messung mit konstanter Drehzahl n_0 rotiert. Außerdem ist die Antriebswelle mittels gegenseitig angestellten und vorgespannten Wälzlagern in O-Anordnung [81] drehbar gegenüber dem Gestell des Sensorsystems gelagert. Dadurch kann sichergestellt werden, dass der Abstand h_M zwischen den Magneten und der Prüffläche während einer Messung konstant ist. Die konstruktive Gestaltung ermöglicht es, den Abstand h_M sowie den Abstand h_S zwischen der Spule und der Prüffläche individuell zu justieren. Somit können

- fertigungsbedingte Toleranzen der einzelnen Bauteile ausgeglichen, und
- die für experimentelle Studien gewünschten Abstände eingestellt werden.

Zur Validierung des absoluten PMIECT-Systems werden zylindrische Prüfkörper (Durchmesser $D_\mathrm{P} = 120\,\mathrm{mm}$, Höhe $H_\mathrm{P} = 6\,\mathrm{mm}$) aus Aluminium untersucht. Die Prüfkörperaufnahme stellt dabei sicher, dass diese konzentrisch zur Kreisbahn der Magnete ausgerichtet sind. Dadurch soll der Einfluss von Prüfkörperkanten auf das Messergebnis vermieden werden. Die relevanten Parameter des experimentellen Aufbaus sind in Tabelle 3.1 erläutert.

Tab. 3.1: Parameter für das absolute PMIECT-System.

Parameter	Wert	Beschreibung
Permanentmagnete		
B_r	1.43 T	Remanenz der Magnete
H_M	25 mm	Höhe der Magnete
D_M	7 mm	Durchmesser der Magnete
D_0	12 mm	Abstand der Magnete
h_M	*	Abstand zur Prüffläche
n_0	*	Drehzahl der Magnetanordnung
Spulen		
H_S	6 mm	Höhe des Wickelfensters
$D_\mathrm{S,i}$	24 mm	Innendurchmesser des Wickelfensters
$D_\mathrm{S,a}$	30.7 mm	Außendurchmesser des Wickelfensters
N	5000	Windungszahl der Luftspule
h_S	*	Abstand zur Prüffläche
Prüfkörper		
H_P	6 mm	Höhe des Prüfkörpers
D_P	120 mm	Durchmesser des Prüfkörpers
Werkstoffnummer	EN AW-5754	Werkstoffnummer der Prüfkörperlegierung
σ	23.26 MS/m	Elektrische Leitfähigkeit

* Parameter, die im Messplan festgelegt werden.

Abb. 3.5 zeigt den entwickelten Versuchsaufbau, die verwendete Magnethalterung mit den beiden Permanentmagneten und exemplarisch den Versuchsaufbau mit einem in der Prüfkörperaufnahme fixierten Prüfkörper. Auf die untersuchten Prüfkörper ist eine Maßverkörperung aufgebracht, um die Orientierung der Prüfkörper gegenüber dem Sensorsystem bei unterschiedlichen Messungen reproduzierbar einstellen zu können.

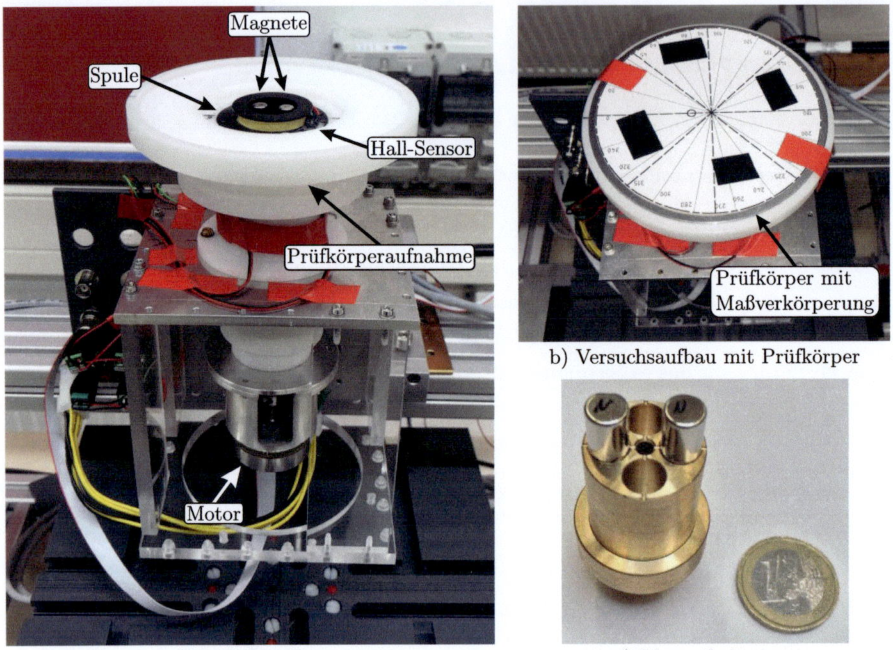

b) Versuchsaufbau mit Prüfkörper

a) Versuchsaufbau

c) Magnethalterung

Abb. 3.5: a) Versuchsaufbau des absoluten PMIECT-Systems, b) in der Prüfkörperaufnahme fixierter Prüfkörper P_2 sowie c) die verwendete Magnethalterung.

3.3.1.2 Konstruktive Umsetzung des differentiellen PMIECT-System

In Abb. 3.6 ist das vereinfachte technische Prinzip des differentiellen PMIECT-Systems mit allen für die Messung relevanten Parametern dargestellt. Die Antriebswelle ist mittels verspannten Schrägkugellagern in O-Anordnung drehbar gegenüber dem Gestell des Sensorsystems gelagert. Sie wird von einem Gleichstrommotor über eine Oldham-Kupplung mit konstanter Drehzahl n_0 angetrieben. Auf der Abtriebsseite der Welle ist die Magnetanordnung mit den gegenüberliegenden Permanentmagneten montiert. Der Abstand $D_{0,\mathrm{M}}$ ist so gewählt, dass die gegenseitige Beeinflussung der primären Magnetfelder der Permanentmagneten vernachlässigbar ist. Des Weiteren sind die Sensorspulen des Spulenarrays entlang eines Kreises (Durchmesser $D_{0,\mathrm{S}}$)

angeordnet, wobei jeweils zwei Spulen gegenüberliegend positioniert sind. Das Spulenarray ist konzentrisch zur Bahn der PM ausgerichtet und am Gestell des Sensorsystems fixiert.

Bei der Validierung des Systems werden zylindrische Aluminiumprüfkörper (Durchmesser $D_\mathrm{P} = 150\,\mathrm{mm}$, Höhe $H_\mathrm{P} = 6\,\mathrm{mm}$) untersucht, deren konzentrische Ausrichtung zum Sensorsystem durch die Prüfkörperaufnahme sichergestellt wird. Um die Prüfkörperorientierung α gegenüber dem Gestell des Sensorsystems reproduzierbar einzustellen, sind Maßverkörperungen auf den untersuchten Prüfkörpern aufgebracht. Zur Veranschaulichung der Prüfkörperorientierung ist in Abb. 3.6 der Prüfkörper $P_{2,\mathrm{d}}$ skizziert. Dieser enthält einen Schlitzdefekt der Höhe $H_\mathrm{D} = 4\,\mathrm{mm}$, der Länge $l_\mathrm{D} = 12\,\mathrm{mm}$ und der Breite $b_\mathrm{D} = 4\,\mathrm{mm}$, welcher $a = 46.4\,\mathrm{mm}$ von der Prüfkörpermitte entfernt ist.

Zusätzlich ist die Konstruktion des Sensorsystems so gestaltet, dass sowohl der Abstand h_M zwischen der Magnetanordnung und der Oberfläche des Prüfkörpers als auch der Abstand h_S zwischen den Spulen und der Oberfläche des Prüfkörpers individuell einstellbar sind. Eine Zusammenfassung aller relevanten Parameter ist in Tabelle 3.2 enthalten. Weiterhin zeigt Abb. 3.7 das gesamte Messsystem zur Verifizierung des differentiellen PMIECT-Systems.

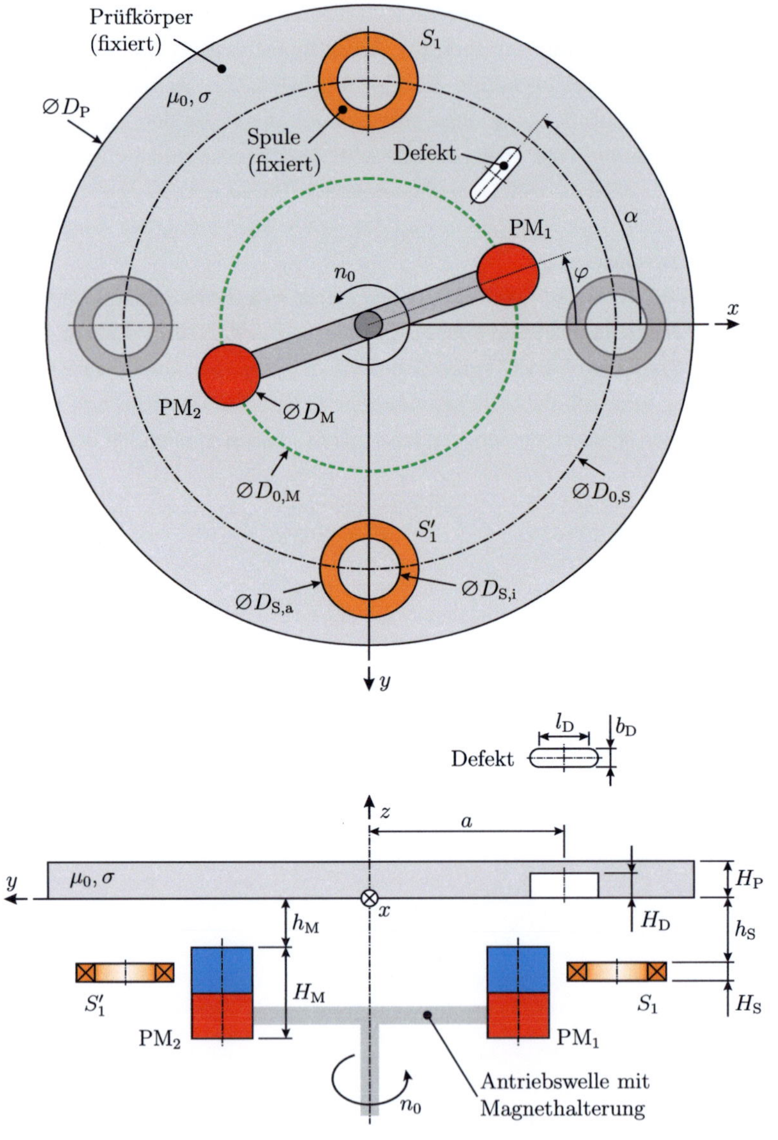

Abb. 3.6: Parameter des experimentellen Aufbaus für das differentielle PMIECT-System mit Schnittdarstellung entlang der y-Achse für $\varphi = \alpha = 90°$ (unten).

Tab. 3.2: Parameter für das differentielle PMIECT-System.

Parameter	Wert	Beschreibung
Permanentmagnete		
B_r	1.43 T	Remanenz der Magnete
H_{M}	10 mm	Höhe der Magnete
D_{M}	10 mm	Durchmesser der Magnete
$D_{0,\mathrm{M}}$	78 mm	Abstand der Magnete
h_{M}	*	Abstand zur Prüffläche
n_0	*	Drehzahl der Magnetanordnung
Spulen		
H_{S}	2 mm	Höhe des Wickelfensters
$D_{\mathrm{S,i}}$	10 mm	Innendurchmesser des Wickelfensters
$D_{\mathrm{S,a}}$	16 mm	Außendurchmesser des Wickelfensters
N	1500	Windungszahl der Spulen
h_{S}	*	Abstand zur Prüffläche
$D_{0,\mathrm{S}}$	105.7 mm	Teilkreisdurchmesser
Prüfkörper		
H_{P}	6 mm	Höhe des Prüfkörpers
D_{P}	150 mm	Durchmesser des Prüfkörpers
Werkstoffnummer	EN AW-5754	Werkstoffnummer der Prüfkörperlegierung
σ	23.26 MS/m	Elektrische Leitfähigkeit
Defekt		
l_{D}	12 mm	Länge des Defekts
b_{D}	4 mm	Breite des Defekts
H_{D}	4 mm	Höhe des Defekts
a	46.4 mm	Abstand zur Prüfkörpermitte

* Parameter, die im Messplan festgelegt werden.

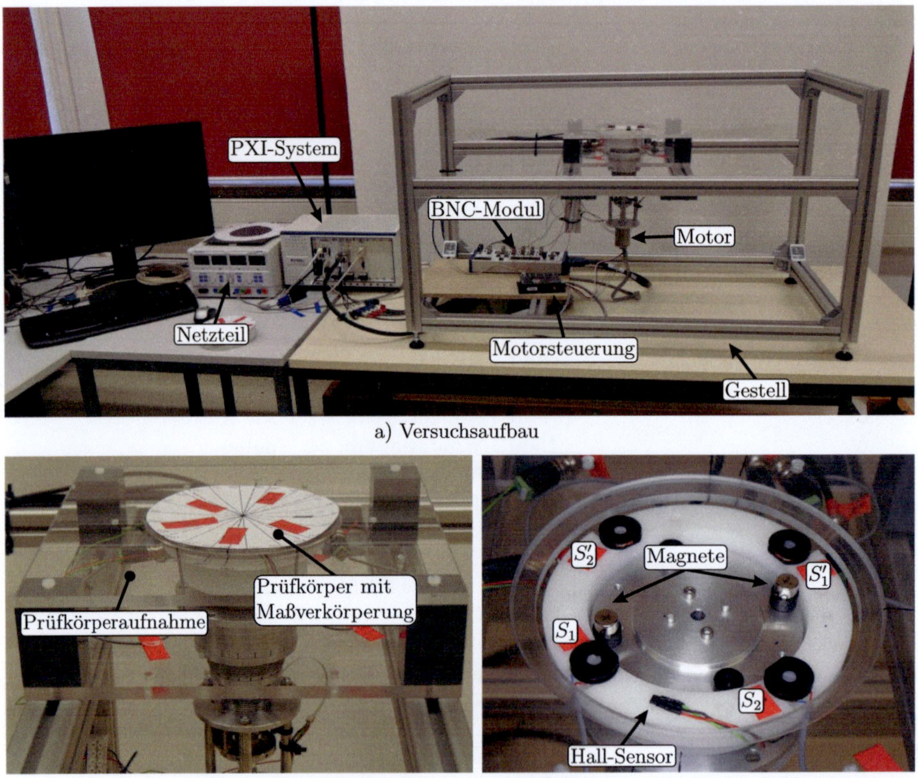

a) Versuchsaufbau

b) Versuchsaufbau mit Prüfkörper

c) Detailansicht: Spulen & Magnete

Abb. 3.7: a) Versuchsaufbau des differentiellen PMIECT-Systems, b) in der Prüfkörperaufnahme fixierte Prüfkörper sowie c) der verwendeten Magnethalterung und Spulenarray.

3.3.2 Struktur des Messsystems

Die Struktur des Messsystems (Abb. 3.8) ist bei beiden Lösungsvarianten gleich, was den Entwicklungsaufwand für ein Messprogramm zur Durchführung der Messungen erheblich reduziert. Sowohl beim absoluten als auch beim differentiellen PMIECT-System wird die Magnetanordnung von einem Motor angetrieben. Außerdem werden bei beiden Varianten analoge Spannungssignale (induzierte Spannung in einer bzw. mehreren Spulen und Ausgangsspannung eines Hall-Sensors) erfasst. Nachfolgend sind die wichtigsten Komponenten des Messsystems erläutert.

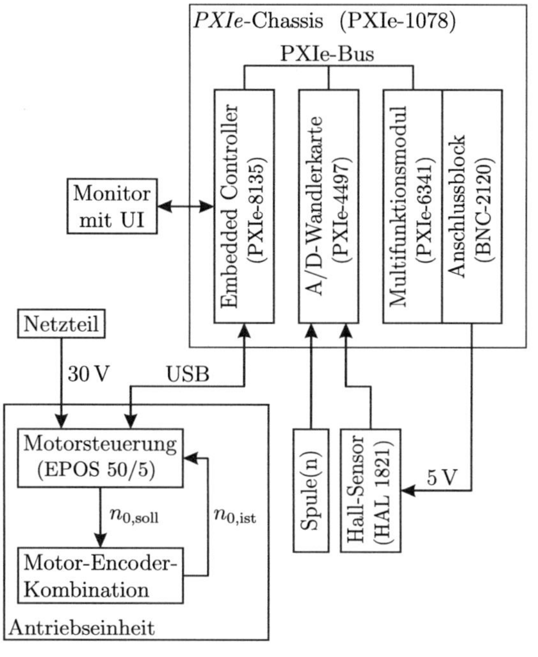

Abb. 3.8: Struktur des Messsystems.

PXIe-System

Die Datenerfassung und Ansteuerung der Komponenten des Messsystems erfolgt mit einem PXIe-System von National Instruments (NI). Dieses besteht aus dem PXIe-Chassis 1078 [90], in das der Embedded-Controller PXIe-8135 [92] sowie weitere Module zur Messdatenerfassung integriert und über den PXIe-Bus[3] miteinander verbunden sind.

[3]PXIe ist die Weiterentwicklung des PCI (Peripheral Component Interconnect) eXtensions for Instrumentation (PXI) Bus-Systems, welches speziell auf die Anforderungen in komplexen Messsystemen angepasst ist [91].

Die simultane Erfassung der analogen Messsignale (induzierte Spannung in den Spulen und Ausgangsspannung des Hall-Sensors) erfolgt über die 24 bit A/D-Wandlerkarte PXIe-4497, welche eine Abtastfrequenz von bis zu 204.8 kHz mit 16 Kanälen ermöglicht und einen Dynamikumfang von 114 dB besitzt [89].

Das Multifunktionsmodul PXIe-6341 [93] in Kombination mit dem Anschlussblock BNC-2120 [88] bietet sowohl analoge, als auch digitale Ein- und Ausgänge. An den 5 V-Ausgang des Anschlussblocks ist der Spannungseingang des Hall-Sensors angeschlossen.

Antriebseinheit

Für den Antrieb der Magnetanordnung wird in beiden Aufbauten eine Motor-Encoder-Kombination und die Motorsteuerung EPOS 50/5 (Art.-Nr. 347717, Maxon Motor AG) eingesetzt. Auf der Motorsteuerung ist ein kaskadierter Regelkreis bestehend aus einem Drehzahlregelkreis mit unterlagertem Stromregelkreis für die Regelung der Solldrehzahl implementiert. Mit Hilfe der grafischen Benutzeroberfläche EPOS Studio ist es möglich, die Reglerparameter der verwendeten Motor-Encoder-Kombination entsprechend der Last am Motor einzustellen. Die Motorsteuerung ist an ein Netzteil angeschlossen, welches die für das Antriebssystem erforderliche Leistung bereitstellt. Weiterhin ist sie über eine USB-Verbindung (Universal Serial Bus) mit dem Embedded-Controller des PXIe-Systems verbunden, um die zur Ansteuerung der Antriebseinheit notwendigen Informationen zu übertragen.

Durch die konstruktive Gestaltung der favorisierten Lösungsvarianten (Abstand der PM von der Antriebswelle, Geometrie der PM) unterscheiden sich die Antriebsmomente, welche nötig sind, um die Magnetanordnung mit der gewünschten Drehzahl zu bewegen. Aus diesem Grund werden in den beiden Aufbauten unterschiedliche Motor-Encoder-Kombinationen verwendet.

Im absoluten System wird der elektronisch kommutierte Gleichstrommotor EC-45 flat (Art.-Nr. 200142, Maxon Motor AG) mit einer Nennleistung von 30 W in Kombination mit dem inkrementellen Encoder MILE (Art.-Nr. 462005, Maxon Motor AG) verwendet.

Für das differentielle System wird der elektronisch kommutierte Gleichstrommotor EC-i 40 (Art.-Nr. 496661, Maxon Motor AG) mit einer Nennleistung von 100 W in Kombination mit dem inkrementellen Encoder ENC 16 EASY XT (Art.-Nr. 577614, Maxon Motor AG) eingesetzt.

Hall-Sensor zur Signalausrichtung

Für die statistische Auswertung der Messdaten (siehe Abschnitt 4.2.1 und 4.3.1) und den Vergleich von Messungen bei unterschiedlichen Parametern (z.B. Prüfkörpern mit verschiedenen Defekten) ist es erforderlich, die gemessenen Spannungssignale entsprechend des Drehwinkels φ der Magnetanordnung (siehe Abb. 3.6) zueinander auszurichten. Zu diesem Zweck wird bei jedem System ein linearer Hall-Sensor vom Typ HAL 1821 mit einem Messbereich von ± 50 mT [149] so am Gestell des Sensorsystems befestigt, dass sich der magnetische Fluss an dieser Position während der Bewegung der Magnetanordnung ändert. Aufgrund von Fertigungstoleranzen unterscheidet sich die Magnetisierung der verwendeten PM. Folglich ist die Ausgangsspannung des Hall-Sensors eine Referenz für die absolute Winkellage der Magnetanordnung. Durch die synchrone Abtastung dieses Referenzsignals mit den in den Spulen induzierten Spannungen ist es möglich, die Signale sämtlicher Messungen bezüglich eines bestimmten Winkels φ zueinander auszurichten (siehe Unterabschnitt 4.2.1.1).

3.3.3 Messprogramm zur Durchführung der Messungen

Zur Durchführung der Messungen wird ein Messprogramm in LabVIEW 2016 programmiert[4]. Die Erläuterungen in diesem Unterabschnitt konzentrieren sich auf die wichtigsten Merkmale des Messprogramms, welche zur Durchführung von Messungen und Messstudien erforderlich sind. Auf Ausführungen zur Softwarearchitektur sowie zur Einbindung bestehender und Entwicklung neuer Treiber für die Ansteuerung der Komponenten des Messsystems wird zugunsten einer kompakten Form dieser Arbeit verzichtet.

Die grafische Bedienoberfläche des Messprogramms ist in die Bereiche

- *Messprogrammsteuerung*,
- *Statusanzeigen*,
- *Parametereinstellung & Antriebssteuerung* und
- *Messdatenanzeige*

unterteilt (Abb. 3.9). Im Bereich *Parametereinstellung & Antriebssteuerung* ist es möglich, die zu erfassenden Eingangskanäle, den Eingangsspannungsbereich sowie die Abtastrate der A/D-Wandlerkarte zu konfigurieren. Darüber hinaus sind alle für eine Messung relevanten Parameter einstellbar, die zusammen mit den Messwerten in einer Messdatei gespeichert werden. Zu diesen gehören:

- der Prüfkörper P_j,
- die verwendete Magnetanordnung,
- die eingesetzte Spule bzw. Spulen,
- der Abstand h_{M} zwischen den PM und dem Prüfkörper,
- der Abstand h_{S} zwischen der Spule bzw. den Spulen und dem Prüfkörper,
- die Prüfkörperorientierung α,

[4] LabVIEW (Laboratory Virtual Instrumentation Engineering Workbench) ist ein von National Instruments entwickeltes Programmiersystem, das nach dem Datenfluss-Modell in der grafischen Programmiersprache *R* programmiert wird.

- die Defekttiefe d (vgl. Abb. 2.6) und
- die Drehzahl n_0 der Magnetanordnung.

Außerdem ist die Angabe zusätzlicher Informationen in Textform möglich. Die Messdauer T_M, der Dateipfad in dem die Messdateien gespeichert werden sollen und ein für die Messung signifikanter Dateiname sind ebenfalls anzugeben. Letzterer wird bei jeder Messwiederholung mit weiteren Messparametern ergänzt, um einzelne Messungen auch anhand des Dateinamens identifizieren zu können.

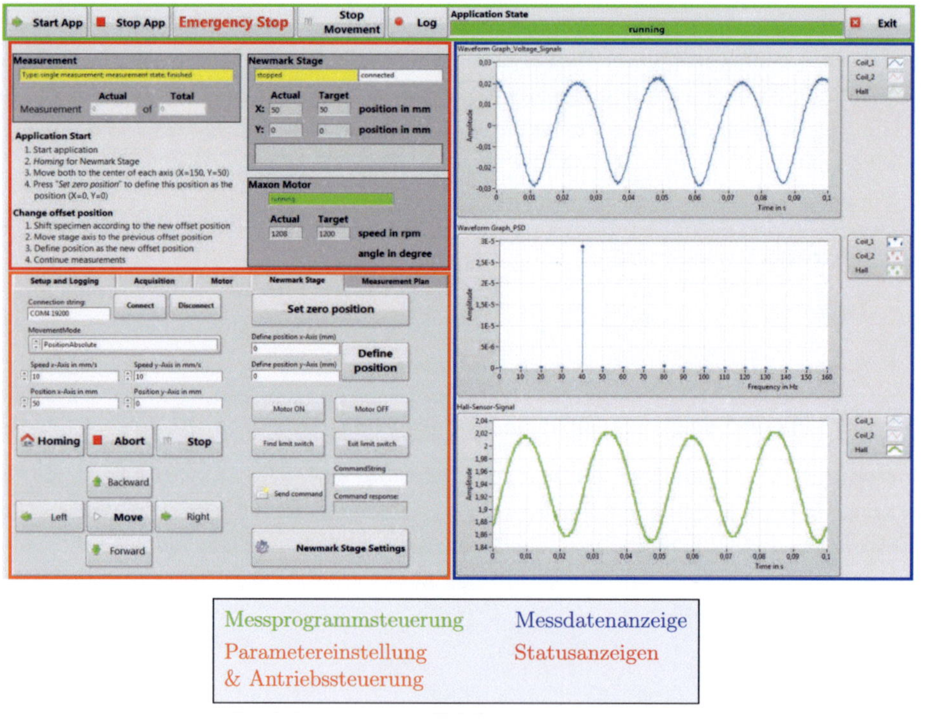

Abb. 3.9: Bedienoberfläche des Messprogramms.

Jeder Prüfkörper, jede Magnetanordnung und jede Spule muss in einer Datenbank (*.csv-Datei) angelegt sein, um über die Bedienoberfläche konfiguriert werden zu können. In der jeweiligen Datenbank sind zusätzliche Parameter zur Beschreibung der Prüfkörper (Abmessungen, Defektgeometrie, elektrische Leitfähigkeit, usw.), der Magnetanordnung (Abmessungen, verwendete PM, Angaben zu den PM) und der Spulen (Windungszahl, Abmessungen, Spulenwickeldraht) hinterlegt. Diese werden entsprechend der getroffenen Auswahl ebenfalls in der Messdatei gespeichert. Somit enthält jede Messdatei sämtliche Informationen, die zur vollständigen Beschreibung der Messung notwendig sind.

Weiterhin können im Bereich *Parametereinstellung & Antriebssteuerung* die Aktoren des Messsystems individuell angesteuert und Messpläne zur Durchführung von Parameterstudien erstellt oder geladen werden.

Durch den Start der Messdatenerfassung (Bereich *Messprogrammsteuerung*) werden die induzierten Spannungen (oberes Diagramm), die zugehörigen Leistungsdichtespektren (mittleres Diagramm) und die Ausgangsspannung des Hall-Sensors (unteres Diagramm) im Bereich *Messdatenanzeige* dargestellt, ohne die Messdaten in einer Messdatei zu speichern. Dies ermöglicht es, den Einfluss unterschiedlicher Parameter (z.B. Prüfkörper mit und ohne Defekt, Drehzahl, usw.) auf die in den Spulen induzierte Spannung und die zugehörigen Leistungsdichtespektren direkt am Messaufbau zu analysieren.

Bei jeder Einzelmessung (Abb. 3.10) werden die Parameter vom Nutzer über die Bedienoberfläche des Messprogramms vorgegeben und gegebenenfalls manuell eingestellt (P_j, α, h_M, h_S). Im Anschluss an die Parametereinstellung startet der Nutzer die Einzelmessung über eine Schaltfläche der Bedienoberfläche. Sobald der Motor die gewünschte Drehzahl erreicht hat, beginnt die Messdatenaufzeichnung. Nach Ablauf der Messdauer wird der Motor angehalten und die Messdatei im vorgegebenen Dateipfad gespeichert.

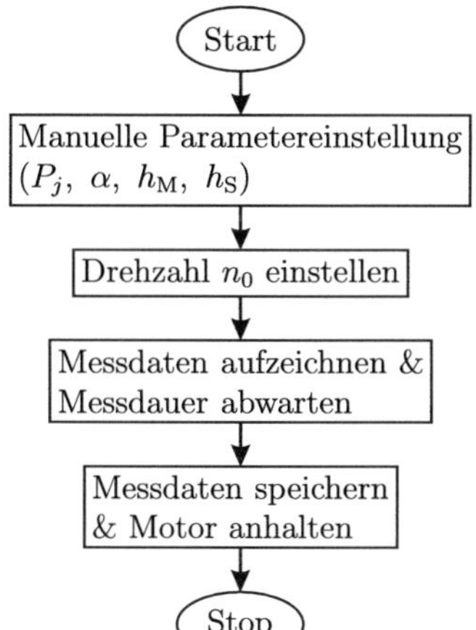

Abb. 3.10: Ablaufplan einer Einzelmessung.

Neben der Durchführung von Einzelmessungen ist es möglich Messpläne zu erstellen, die durch das Messprogramm sequenziell durchgeführt werden. Für die effiziente Erstellung der Messpläne umfangreicher Studien wurde eine MATLAB®-Funktion programmiert, welche die Parameter der Einzelmessungen in einer *.txt-Datei speichert. Bei mehreren Messwiederholungen wird zusätzlich die Nummer der Wiederholung und die Anzahl der Messwiederholungen im Messplan angegeben. Außerdem wird der Messdateiname zur einfacheren Unterscheidung der Messdateien mit diesen Angaben ergänzt.

Durch das Messprogramm sind mehrere Messwiederholungen und Messungen mit unterschiedlichen Drehzahlen automatisiert ausführbar. Dabei werden die Parameter einer Einzelmessung aus dem Messplan übernommen. Falls in aufeinanderfolgenden Messungen eine manuelle Parametereinstellung durch den Bediener erforderlich ist, wird dieser durch ein akustisches Signal benachrichtigt und die zu ändernden Parameter in der Bedienoberfläche angezeigt.

3.4 Zusammenfassung

Das Ziel des Entwicklungsprozesses war es, ein geeignetes Prinzip für ein portables System zur bewegungsinduzierten Wirbelstromprüfung zu finden und ein Messsystem für dessen experimentelle Untersuchung zu entwickeln und aufzubauen. Basierend auf dem Stand der Technik im Bereich der bewegungsinduzierten Wirbelstromprüfung werden zunächst die Anforderungen an das zu entwickelnde Prinzip präzisiert. Mit diesem soll es möglich sein

- das Sensorsystem als handgeführtes Prüfgerät einzusetzen,
- elektrisch leitfähige Prüfobjekte mit einer planen Prüffläche an einer bestimmten Position oder in der Umgebung dieser Position zu untersuchen,
- nur im Fall eines Defekts ein Signal zu erhalten und
- ein robustes Verhalten gegenüber äußeren Störeinflüssen zu realisieren.

Im Rahmen der Ideenfindung werden mehrere Realisierungsmöglichkeiten für PMIECT-Systeme diskutiert. Jede dieser Lösungsvarianten besteht aus der Kombination einer Magnetfeldquelle, deren Relativbewegung gegenüber dem Prüfkörper und einem Messprinzip zur Erkennung von Defekten. Die Entwicklungsschritte orientieren sich an denen des KEP [74, 75] und der Entwicklungsmethodik für mechatronische Systeme [171, 172].

Als Ergebnis der Ideenfindung werden mit dem absoluten und dem differentiellen PMIECT-System die beiden favorisierten Lösungsvarianten beschrieben.

In beiden Varianten wird eine rotierende Magnetanordnung genutzt, um Wirbelströme im Prüfobjekt zu induzieren. Diese besteht aus zwei gegenüberliegend angeordneten Zylindermagneten, deren Magnetisierung senkrecht zur Prüffläche ausgerichtet ist. Während der Rotation ist der Abstand der PM zur Prüffläche konstant, um Störeinflüsse durch Abstandschwankungen zu vermeiden.

Beim absoluten PMIECT-System ist die rotierende Magnetanordnung von einer Luftspule umgeben, die konzentrisch zur Bahn der PM ausgerichtet und am Gestell des Sensorsystems befestigt ist. Für ein ideales System ist zu erwarten, dass sich der magnetische Fluss durch die

Spule nur im Fall eines Defekts ändert. Folglich ist die induzierte Spannung im defektfreien Fall Null. Befindet sich ein Defekt entlang der Bahn der PM ändert sich der magnetische Fluss durch die Spule periodisch und ermöglicht so die Defekterkennung.

Beim differentiellen PMIECT-System werden mehrere, am Gestell des Sensorsystem befestigte Luftspulen verwendet. Diese sind entlang eines Kreises um die Bahn der PM angeordnet, wobei jeweils zwei Spulen gegenüberliegend positioniert sind. Die Defekterkennung erfolgt anhand der Differenzspannung zweier gegenüberliegender Spulen. Im defektfreien Fall ist die Differenzspannung Null. Befindet sich ein Defekt im Bereich einer der beiden gegenüberliegenden Spulen, unterscheidet sich die zeitliche Änderung des magnetischen Flusses durch die Spulen und die Differenzspannung ist verschieden von Null.

Zur experimentellen Untersuchung beider Lösungsvarianten wird jeweils ein Versuchsaufbau entwickelt und aufgebaut. Abgesehen von der konstruktiven Umsetzung ist die Struktur des Messsystems für das absolute und das differentielle PMIECT-System gleich. In beiden Fällen wird eine Magnetanordnung von einem Motor angetrieben und analoge Spannungssignale zur Defektdetektion erfasst.

Das entwickelte Messprogramm bietet die Möglichkeit zur Durchführung von teilweise automatisierten Parameterstudien. Außerdem ist es möglich, den Einfluss verschiedener Parameter auf die induzierte Spannung bzw. die induzierten Spannungen und die zugehörigen Leistungsdichtespektren direkt am Versuchsstand festzustellen.

KAPITEL 4

Verifizierung und Bewertung der favorisierten Lösungsvarianten

Ziel dieses Kapitels ist es, die Eignung der PMIECT-Entwürfe zur Detektion von Defekten nachzuweisen. In einem einleitenden Abschnitt werden die Methoden der Messdatenerfassung und Messdatenauswertung erklärt. Zu jedem der favorisierten Prinzipien werden die speziell für das Prinzip angewendeten Methoden der digitalen Signalverarbeitung erläutert und die Messergebnisse diskutiert. Im anschließenden Variantenvergleich wird eine Lösungsvariante für weiterführende Studien ausgewählt.

4.1 Einführung

Während einer Messung werden die zeitlichen Verläufe der induzierten Spannungen in den Spulen und die Ausgangsspannung des Hall-Sensors erfasst. Die analogen Zeitsignale $x_i(t)$ werden dabei synchron zu den äquidistanten Zeitpunkten nT_s gemäß

$$x_i(t)|_{t=nT_s} = x_i(nT_s) = x_i[n] \tag{4.1}$$

abgetastet. Dabei ist T_s die Abtastperiode (engl. *sampling period*), welche den zeitlichen Abstand zweier aufeinanderfolgender Abtastwerte beschreibt. Ihr Kehrwert ist die Abtastfrequenz f_s (engl. *sampling frequency*) mit

$$f_s = \frac{1}{T_s}. \tag{4.2}$$

Weiterhin steht n für die diskrete Zeitvariable mit $n \in \mathbb{Z}$. Das Ergebnis der Abtastung sind die diskreten Messsignale $\mathbf{x}_i = [x_i[0], \cdots, x_i[N_n]]$ mit der Anzahl an Abtastwerten N_n, die während der Messdauer T_M erfasst werden.

Selbst wenn die idealen Messverfahren der favorisierten Prinzipien als deterministisch angesehen werden, sind die Messsignale zu jedem Zeitpunkt n von zufälligen Einflüssen überlagert. Für gewöhnlich werden diese als Rauschen interpretiert und können verschiedene, teilweise nicht identifizierbare Ursachen besitzen.

Da sich die gemessenen Größen aus unterschiedlichen Beobachtungen zu jedem Zeitpunkt n aufgrund der zufälligen Streuung der Einflussgrößen oder zufälligen Einflüssen unterscheiden, ist es nicht möglich, ein vollständiges Messergebnis anhand einer einzelnen Beobachtung anzugeben. Zur Beschreibung der PMIECT-Systeme, bei denen folglich auch zufällige Signalanteile auftreten, wird daher das Konzept eines stochastischen Prozesses verwendet.

Führt man mehrere, unabhängige Beobachtungen q mit $q = 1, 2, \cdots, N_q$ und $q \in \mathbb{N}$ unter den gleichen Messbedingungen durch, so bilden die gemessenen Signale eine Schar $\{\mathbf{x}_{i,q}\}$. Die einzelnen Messsignale $\mathbf{x}_{i,q}$ einer Messgröße i, die bei einer Beobachtung q des stochastischen Prozesses aufgezeichnet werden, sind die Musterfunktionen oder auch Realisierungen des stochastischen Prozesses. Zu jedem Zeitpunkt n geht der stochastische Prozess (Zufallsprozess) in eine Zufallsvariable über, welche sich mit Hilfe einer Wahrscheinlichkeitsverteilung beschreiben lässt [114].

Ziel dieser Auswertung ist die Angabe eines Erwartungswertes der Messgröße und einer diesem Erwartungswert beigeordneten Unsicherheit zu jedem Zeitpunkt n, um die Güte der Messung zu charakterisieren. Die Messdatenauswertung erfolgt gemäß dem im GUM [61] vorgeschlagenen und international anerkannten Verfahren zur Angabe der Messunsicherheit. Das im Rahmen der Arbeit verwendete Standard-GUM-Verfahren wird im Folgenden erläutert. Die verwendeten Begriffe sind in [26, 66] definiert.

Auswertung der Messsignale und Messunsicherheitsanalyse

Ausgangspunkt für die Bestimmung der Messunsicherheit eines Messergebnisses ist die Beschreibung der Messaufgabe, der Messgröße, des Messverfahrens, des zugrundeliegenden Messprinzips und der verwendeten Messmethode. Oftmals wird die Messgröße nicht direkt gemessen, sondern aus N_i Größen anhand einer Modellgleichung berechnet. Auf Basis der Beschreibung kann ein mathematisches Modell (Modellgleichung) für die Messung formuliert werden, das den funktionalen Zusammenhang zwischen der Messgröße $\mathbf{y}$ und den Eingangsgrößen $\mathbf{x}_i$ mit $i = 1, \cdots, N_i$ beschreibt. Als Eingangsgrößen werden alle diejenigen Größen bezeichnet, die die Messgröße und deren beigeordnete Messunsicherheit beeinflussen können. Für die Modellgleichung gilt

$$\mathbf{y} = f(\mathbf{x}_1, \cdots, \mathbf{x}_{N_i}) \tag{4.3}$$

mit $\mathbf{y} = [y[0], \cdots, y[N_n - 1]]$ und $\mathbf{x}_i = [x_i[0], \cdots, x_i[N_n - 1]]$.

Im Standard-GUM-Verfahren werden zwei Methoden zur quantitativen Einschätzung der Eingangsgrößen unterschieden. Bei der Ermittlungsmethode Typ-A wird die Messunsicherheit durch die statistische Analyse von Beobachtungsreihen bestimmt, während die Ermittlungsmethode Typ-B anderweitige Informationen nicht-statistischer Art nutzt (z.B. Angaben aus Datenblättern, Erfahrungswerte, usw.). Ziel dieser quantitativen Einschätzung ist es, jeder Eingangsgröße einen Erwartungswert und eine dem Erwartungswert beigeordnete Standardunsicherheit zuzuweisen.

Bei einer begrenzten Anzahl von N_q Beobachtungen wird der arithmetische Mittelwert als bester Schätzwert des Erwartungswertes verwendet. Überträgt man dies auf die Auswertung einer gemessenen Eingangsgrößen $\mathbf{x}_i$, so ist $\bar{\mathbf{x}}_i = [\bar{x}_i[0], \cdots, \bar{x}_i[N_n - 1]]$ die beste Schätzung für deren zeitlichen Verlauf. Zur Berechnung von $\bar{\mathbf{x}}_i$ wird zu jedem Zeitpunkt n der Mittelwert über die Schar (Scharmittelwert)

$$\bar{x}_i[n] = \frac{1}{N_q} \sum_{q=1}^{N_q} x_{i,q}[n] \tag{4.4}$$

bestimmt. Die Standardunsicherheit $\boldsymbol{\varepsilon}_{\bar{x}_i} = \left[\varepsilon_{\bar{x}_i}[0], \cdots, \varepsilon_{\bar{x}_i}[N_n - 1]\right]$ der Eingangsschätzwerte $\bar{\mathbf{x}}_i$ ist gleich der empirischen Standardabweichung $s(\bar{x}_i[n])$ der Scharmittelwerte. Zu jedem Zeitpunkt n gilt

$$\varepsilon_{\bar{x}_i}[n] = \varepsilon(\bar{x}_i[n]) = s(\bar{x}_i[n]) = \frac{s\left(x_{i,q}[n]\right)}{\sqrt{N_q}} = \frac{1}{\sqrt{N_q}} \sqrt{\frac{1}{N_q - 1} \sum_{q=1}^{N_q} \left(x_{i,q}[n] - \bar{x}_i[n]\right)^2} \tag{4.5}$$

mit der empirischen Standardabweichung $s\left(x_{i,q}[n]\right)$ der Einzelwerte $x_{i,q}[n]$.

Im nachfolgenden Schritt des Verfahrens wird der Schätzwert der Ausgangsgröße $\bar{\mathbf{y}} = [\bar{y}[0], \cdots, \bar{y}[N_n - 1]]$ und die beigeordnete kombinierte Standardunsicherheit der Ausgangsgröße $\boldsymbol{\varepsilon}_{\bar{y}}^{\mathrm{c}} = \left[\varepsilon_{\bar{y}}^{\mathrm{c}}[0], \cdots, \varepsilon_{\bar{y}}^{\mathrm{c}}[N_n - 1]\right]$ bestimmt.

Die Berechnung des Schätzwerts der Ausgangsgröße ergibt sich durch Einsetzen der Schätzwerte der Eingangsgrößen in die Modellgleichung. Dabei gilt

$$\bar{y}[n] = f\left(\bar{x}_1[n], \cdots, \bar{x}_{N_i}[n]\right). \tag{4.6}$$

Um die kombinierte Standardunsicherheit der Ausgangsgröße zu berechnen, nutzt das Standard GUM-Verfahren die Gauß'sche Unsicherheitsfortpflanzung. Für unkorrelierte Eingangsgrößen gilt

$$\varepsilon_{\bar{y}}^{\mathrm{c}}[n] = \varepsilon^{\mathrm{c}}(\bar{y}[n]) = \sqrt{\sum_{i=1}^{N_i} \left(c_i[n] \cdot \varepsilon_{\bar{x}_i}[n]\right)^2}, \tag{4.7}$$

mit den Empfindlichkeitskoeffizienten

$$c_i[n] = \frac{\partial f}{\partial \bar{x}_i}[n] = \left.\frac{\partial f}{\partial x_i}\right|_{\bar{x}_1[n], \cdots, \bar{x}_{N_i}[n]}. \tag{4.8}$$

Gemäß dem GUM ist ein vollständiges Messergebnis in der Form

$$\mathbf{y} = \bar{\mathbf{y}} \pm \boldsymbol{\varepsilon}_{\bar{y}}^{\mathrm{e}} \tag{4.9}$$

anzugeben. Die erweiterte Messunsicherheit $\boldsymbol{\varepsilon}_{\bar{y}}^{\mathrm{e}} = \varepsilon^{\mathrm{e}}(\bar{\mathbf{y}}) = \left[\varepsilon_{\bar{y}}^{\mathrm{e}}[0], \cdots, \varepsilon_{\bar{y}}^{\mathrm{e}}[N_n - 1]\right]$ der Ausgangsgröße ist definiert als die Halbweite eines Intervalls, das den überwiegenden Anteil der Messwerte mit einer Überdeckungswahrscheinlichkeit p von mindestens 95% enthält, die dem Messergebnis zugeordnet werden kann. Sie berechnet sich durch Multiplikation der kombinierten Standardunsicherheit mit einem Erweiterungsfaktor $t_p(\nu)$, welcher in Abhängigkeit der gewünschten Überdeckungswahrscheinlichkeit und dem Freiheitsgrad ν der Messung gewählt wird. Bei Eingangsgrößen die ausschließlich vom Typ-A sind, gilt

$$\nu = N_q - 1. \tag{4.10}$$

Werden nur wenige Wiederholungsmessungen (Ermittlungsmethode Typ-A) durchgeführt, so ist gemäß GUM eine Student-t-Verteilung für die Ausgangsgröße anzunehmen und der Erweiterungsfaktor entsprechend zu wählen. Folglich ist für die Auswertung des zeitlichen Verlaufs der Messgröße zu jedem Zeitpunkt n die erweiterte Unsicherheit nach

$$\varepsilon_{\bar{y}}^{\mathrm{e}}[n] = t_p(\nu) \cdot \varepsilon_{\bar{y}}^{\mathrm{c}}[n] \tag{4.11}$$

zu berechnen.

Bei einer direkten Messung vereinfacht sich die Modellgleichung zu

$$\mathbf{y} = \mathbf{x}. \tag{4.12}$$

Für das vollständige Messergebnis gilt dann

$$\mathbf{y} = \bar{\mathbf{y}} \pm \boldsymbol{\varepsilon}_{\bar{y}}^{\mathrm{e}} = \bar{\mathbf{x}} \pm t_p(\nu) \cdot \boldsymbol{\varepsilon}_{\bar{x}_i}. \tag{4.13}$$

Es sei angemerkt, dass die hier verwendete Schreibweise von der des GUM abweicht. Im GUM werden die Eingangsgrößen mit X_i, die Ausgangsgröße mit Y und die jeweiligen Schätzwerte mit x_i und y_i bezeichnet. Außerdem wird die Standardunsicherheit ε mit u, die kombinierte Standardunsicherheit ε^{c} mit u_{c} und die erweiterte Messunsicherheit ε^{e} mit U bezeichnet. Im Rahmen der vorliegenden Arbeit dient die Messdatenauswertung dazu, die Wiederholbarkeit der experimentellen Studien zu zeigen und keine Messunsicherheitsanalyse im messtechnischen Sinn durchzuführen, bei der weitere Einflussgrößen wie beispielsweise Temperatur, Luftfeuchtigkeit, Auflösung des A/D-Wandlers zu berücksichtigen sind. Deshalb finden nur die experimentell ermittelten Eingangsgrößen Berücksichtigung (Typ-A) und sämtliche Unsicherheiten vom Typ-B werden vernachlässigt. In diesem Sinn kann die Messunsicherheit als erweiterte, ggf. kombinierte Standardunsicherheit der Eingangsgrößen betrachtet werden. Dabei ist zu erwähnen, dass die Messunsicherheit durch Berücksichtigung von weiteren Einflüssen (Typ-B) größer wird.

4.2 Absolutes PMIECT-System

In diesem Abschnitt wird zunächst der spezifische Ablauf für die Messdatenauswertung des absoluten PMIECT-Systems erläutert. Im Rahmen einer abschließenden Ergebnisdiskussion erfolgt die Präsentation und Diskussion der Messergebnisse. Teile des nachfolgenden Abschnitts wurden vom Autor bereits in [99–101] vorgestellt.

4.2.1 Messdatenauswertung

Die Messdatenauswertung für das absolute PMIECT-System ist in Abb. 4.1 schematisch skizziert. Im ersten Schritt werden die im *.tdms Dateiformat von National Instruments gespeicherten Messdateien jeder Beobachtung q in das von MATLAB® lesbare Dateiformat *.mat konvertiert.

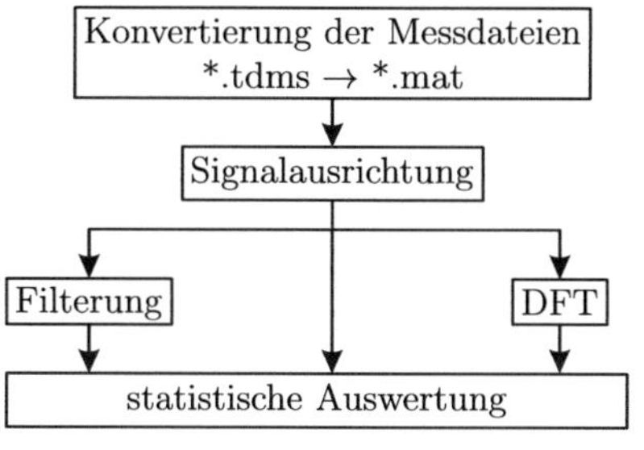

Abb. 4.1: Ablauf der Messdatenauswertung für das absolute PMIECT-System.

4.2.1.1 Signalausrichtung

Im Ablauf einer Messung beginnt die Erfassung der Messsignale, wenn die gewählte Drehzahl n_0 erreicht ist. Deswegen ist die Winkellage φ, bei der die Erfassung der Messsignale beginnt, für jede Beobachtung des stochastischen Prozesses verschieden. Zur statistischen Auswertung der Messsignale ist es erforderlich, dass die Messsignale aus unterschiedlichen Beobachtungen zueinander ausgerichtet sind. Das bedeutet, dass alle Signale ab einer definierten Winkellage bzw. einem definierten Startzeitpunkt betrachtet werden müssen, um zu jedem Zeitpunkt n des Signalverlaufs einen besten Schätzwert und eine dem besten Schätzwert beigeordnete Standardunsicherheit bestimmen zu können (siehe Abschnitt 4.1).

Für die Signalausrichtung wird ein Hall-Sensor verwendet, dessen Ausgangsspannung davon abhängt, welcher der beiden Permanentmagnete den Sensor passiert[1] (vgl. Abb. 4.2 oben). Die Ausgangsspannung des Hall-Sensors dient als Referenz für den Drehwinkel φ. Bei jeder Realisierung q mit $q = 1,\ldots,N_q$ des stochastischen Prozesses wird die induzierte

[1] Die verwendeten, kommerziellen PM besitzen zwar die gleiche, nominelle Remanenzflussdichte $B_r = 1.43\,\mathrm{T}$, ihre realen Remanenzflussdichten stimmen jedoch aufgrund von Fertigungstoleranzen nicht überein.

Spannung $u_{\mathrm{S},q}(t)$ in der Spule und die Ausgangsspannung des Hall-Sensors $u_{\mathrm{Hall},q}(t)$ synchron abgetastet.

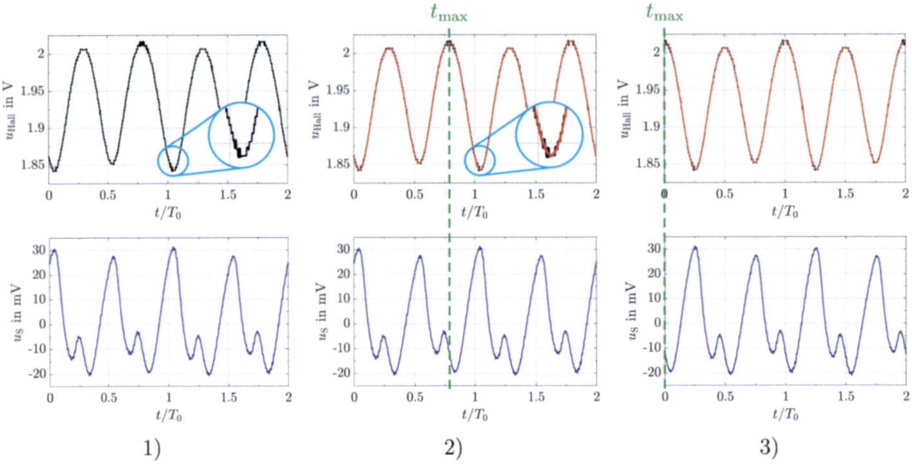

Abb. 4.2: Ausrichtung der Signale anhand des Hall-Sensor-Signals. Jede Messdatei q enthält die synchron abgetasteten Signale für die induzierte Spannung in der Spule $u_{\mathrm{S},q}$ sowie das Referenzsignal des Hall-Sensors $u_{\mathrm{Hall},q}$ (Spalte 1)). Letzteres wird in Schritt 2 geglättet und der Maximalwert $\hat{u}_{\mathrm{Hall},q}(t_{\max})$ bestimmt (Spalte 2)). In Schritt 3 (Spalte 3)) wird bei allen Messsignalen der Messdatei der Signalanfang bis zum Zeitpunkt $t_{\max}$ abgeschnitten ($t_{\max} = n_{\max} \cdot T_{\mathrm{s}}$). Dadurch können sämtliche Signale aus unterschiedlichen Messungen gleicher Drehzahl zueinander ausgerichtet werden.

Die Idee zur Ausrichtung der Messsignale aus unterschiedlichen Beobachtungen besteht darin, für jede Beobachtung den Zeitpunkt $n_{\max} = [t_{\max}/T_{\mathrm{s}}]$ des Maximalwerts innerhalb der ersten Periode des Hall-Sensor-Signals $\mathbf{u}_{\mathrm{Hall},q} = \left[u_{\mathrm{Hall},q}[0], \cdots, u_{\mathrm{Hall},q}[N_n - 1]\right]$ zu bestimmen und anschließend den Signalanfang aller Messsignale dieser Beobachtung bis zu diesem Zeitpunkt abzuschneiden.

Aufgrund des stufigen Verlaufs der Hall-Sensor-Spannung (vgl. Abb. 4.2, 1) oben) ist es nicht möglich, den Zeitpunkt $n_{\max}$ eindeutig zu bestimmen. Deshalb wird der Signalverlauf im ersten Schritt durch Filterung mit einem Tiefpassfilter geglättet. Die Berechnung der Filterkoeffizienten für das Butterworth-Tiefpassfilter fünfter Ordnung mit einer cut-off Frequenz von $f_{\mathrm{c}} = 10 \cdot f_0$ erfolgt mit der Hilfe der MATLAB®-Funktion *filter*. Die Frequenz f_0 ergibt sich gemäß

$$f_0 = \frac{\omega_0}{2\pi} = \frac{n_0}{60}, \tag{4.14}$$

aus der Drehzahl n_0 der Magnetanordnung. Ihr Kehrwert ist gleich der Umlaufzeit

$$T_0 = \frac{1}{f_0} = \frac{60}{n_0}, \tag{4.15}$$

für eine Umdrehung der Magnetanordnung und somit auch gleich der Periodendauer aller Musterfunktionen des stochastischen Prozesses. Durch die Filterung des Hall-Sensor-Signals mit der MATLAB®-Funktion *filtfilt* bleibt die Phasenlage des Signals unbeeinflusst.

Im zweiten Schritt ist es möglich, das Maximum der ersten Periode des gefilterten Hall-Sensor-Signals $\tilde{\mathbf{u}}_{\mathrm{Hall},q} = \left[\tilde{u}_{\mathrm{Hall},q}[0], \cdots, \tilde{u}_{\mathrm{Hall},q}[N_n - 1]\right]$ mit

$$\hat{\tilde{u}}_{\mathrm{Hall},q}[n_{\max}] = \max_n \left\{\tilde{\mathbf{u}}_{\mathrm{Hall},q}\right\} \tag{4.16}$$

für $n = 0, \cdots, N_0 - 1$ eindeutig zu bestimmen. Dabei ist

$$N_0 = \left\lfloor \frac{T_0}{T_s} \right\rfloor = \left\lfloor \frac{60}{n_0 \cdot T_s} \right\rfloor \tag{4.17}$$

mit $N_0 \in \mathbb{N}$ die Periodenlänge des diskreten Signals. Sie ist gleich der Anzahl an Abtastwerten einer Periode.

Im letzten Schritt werden die Messsignale der Beobachtung q gekürzt. Für die abgeschnittenen Signale des absoluten PMIECT-Systems gilt

$$\tilde{\mathbf{u}}^a_{\mathrm{Hall},q} = \left[\tilde{u}^a_{\mathrm{Hall},q}[n^*], \cdots, \tilde{u}^a_{\mathrm{Hall},q}[N^*_{n,q} - 1]\right] = \left[\tilde{u}_{\mathrm{Hall},q}[n_{\max}], \cdots, \tilde{u}_{\mathrm{Hall},q}[N_{n,q}]\right] \tag{4.18}$$

und

$$\tilde{\mathbf{u}}^a_{\mathrm{S},q} = \left[\tilde{u}^a_{\mathrm{S},q}[n^*], \cdots, \tilde{u}^a_{\mathrm{S},q}[N^*_{n,q} - 1]\right] = \left[\tilde{u}_{\mathrm{S},q}[n_{\max}], \cdots, \tilde{u}_{\mathrm{S},q}[N_{n,q}]\right], \tag{4.19}$$

mit $N^*_{n,q} = N_{n,q} - n_{\max}$.

Zusätzlich werden die Messsignale aller Beobachtungen q auf das größtmögliche, ganzzahlige Vielfache von N_0 gekürzt, um den Leck-Effekt bei der diskreten Fouriertransformation (DFT) möglichst gering zu halten (siehe Unterabschnitt 4.2.1.2). Es gilt

$$N^{**}_{\mathrm{n}} = \xi \cdot N_0 \tag{4.20}$$

mit

$$\xi = \left\lfloor \frac{\min\limits_q \left(N^*_{n,q}\right)}{N_0} \right\rfloor \tag{4.21}$$

und $\xi \in \mathbb{N}$.

Im Folgenden wird der einfacheren Schreibweise halber anstatt n^* der diskrete Zeitindex n und anstatt der gekürzten Signallänge N^{**}_n die Signallänge N_n verwendet. Weiterhin wird auf den Index a für die gekürzten Messsignale einer Beobachtung verzichtet. Demnach werden die gekürzten Messsignale einer Beobachtung durch $\tilde{\mathbf{u}}_{\mathrm{Hall},q} = \left[\tilde{u}_{\mathrm{Hall},q}[0], \cdots, \tilde{u}_{\mathrm{Hall},q}[N_n - 1]\right]$ und $\mathbf{u}_{\mathrm{S},q} = \left[u_{\mathrm{S},q}[0], \cdots, u_{\mathrm{S},q}[N_n - 1]\right]$ beschrieben. Dabei ist N_n die Länge der gekürzten Signale.

Außerdem wird nur noch das gekürzte Messsignal der induzierten Spannung $\mathbf{u}_{\mathrm{S},q}$ der einzelnen Beobachtungen q betrachtet. Nachfolgend wird dafür die verkürzte Schreibweise $\mathbf{u}_q = \left[u_q[0], \cdots, u_q[N_n - 1]\right]$ verwendet.

4.2.1.2 Diskrete Fouriertransformation

Stochastische Prozesse werden im Allgemeinen durch Erwartungswerte, Korrelationsfunktionen und Leistungsdichtespektren beschrieben [114]. Betrachtet man die induzierten Spannungen $\mathbf{u}_q$, ist zu erkennen, dass diese einen periodischen Verlauf besitzen, der von einem stochastischen Rauschanteil überlagert ist. Daher können die induzierten Spannungen als determinierte Signale, überlagert mit einem stochastischen Anteil klassifiziert werden. Aus diesem Grund wird für die Analyse der induzierten Spannungen im Frequenzbereich nicht, wie eigentlich notwendig, deren Leistungsdichtespektrum, sondern deren Spektrum mittels der diskreten Fouriertransformation (DFT) berechnet.

Für den Spezialfall, dass die rechteckgefensterten Abtastwerte eines periodischen Signals DFT-transformiert werden, die Fensterlänge gleich einem ganzzahligen Vielfachen der Periodendauer T_0 ist und das Abtasttheorem eingehalten wird, liefert die DFT ein korrektes Ergebnis. Ansonsten stellt die DFT eine Approximation des Spektrums dar. [173]

Deshalb werden bei der Signalausrichtung alle Messsignale auf die Signallänge $N_\mathrm{n} = \xi \cdot N_0$ begrenzt. Dies entspricht der Fensterung der Messsignale mit einem Rechteckfenster der Länge $\xi \cdot N_0$. Durch die Wahl der Abtastfrequenz, mögliche Schwankungen in der Drehzahl n_0 und zufällige Einflüsse auf den stochastischen Prozess, ist die Periodenlänge N_0 nur mit einer Unsicherheit zu bestimmen. Die Auswertung zeigt, dass der daraus resultierende Fehler durch den Leck-Effekt vertretbar ist und die grundlegende Interpretation der Amplitudenspektren $|\underline{\mathbf{U}}_q|$ nicht beeinträchtigt wird. Außerdem wird darauf verzichtet, die Abtastfrequenz bei jeder Messung entsprechend der Drehzahl n_0 anzupassen, sodass die Periodendauer T_0 ein ganzzahliges Vielfaches der Abtastperiode T_s ist.

Das Spektrum $\underline{\mathbf{U}}_q = [\underline{U}_q[0], \ldots, \underline{U}_q[N_n - 1]]$ wird für jede diskrete Frequenzvariable $k = 0, 1, 2, \ldots, N_\mathrm{n} - 1$ nach

$$\underline{U}_q[k] = \sum_{n=0}^{N_n-1} u_q[n]\, e^{-j2\pi k \frac{n}{N_0}} \tag{4.22}$$

mit $n = 0, 1, 2, \ldots, N_\mathrm{n} - 1$ berechnet.

Die Frequenzauflösung

$$\Delta f = \frac{f_\mathrm{s}}{N_\mathrm{n}} = \frac{1}{N_\mathrm{n} \cdot T_\mathrm{s}} = \frac{1}{T_M} \tag{4.23}$$

beschreibt den Abstand zweier Frequenzpunkte k und $k+1$. Daraus wird ersichtlich, dass die Wahl der Abtastfrequenz f_s ein Kompromiss zwischen der spektralen Auflösung und der Anzahl an Abtastwerten für eine Umdrehung der Magnetanordnung ist. Für die Darstellung der Messsignale im Zeitbereich ist eine hohe Abtastfrequenz wünschenswert, um möglichst viele Abtastwerte während einer Umdrehung aufzuzeichnen. Im Gegensatz dazu sollte die Frequenzauflösung Δf zwischen zwei diskreten Frequenzpunkten für die Analyse der Signale im Frequenzbereich möglichst gering sein. Außerdem ist das Abtasttheorem zu berücksichtigen.

Deshalb werden bei einer Beobachtung des stochastischen Prozesses alle Mustersignale über mehrere Sekunden mit einer Abtastfrequenz von 20 kHz synchron abgetastet. Durch die Aufzeichnung mehrerer Perioden der Mustersignale wird zusätzlich der Fehler durch den Leck-Effekt reduziert.

4.2.1.3 Filterung

Die Messsignale der einzelnen Beobachtungen sind zu jedem Zeitpunkt n von zufälligen Einflüssen überlagert, welche die Interpretation des Messergebnisses beeinträchtigen können. Deshalb wird die induzierte Spannung mit einem Butterworth-Tiefpassfilter fünfter Ordnung und einer cut-off-Frequenz von $f_c = 40 \cdot f_0$ gefiltert. Dieser Filtertyp wird aufgrund der Flachheit seiner Übertragungsfunktion im Durchlassbereich gewählt. Die Filterkoeffizienten werden mit der MATLAB®-Funktion *filter* bestimmt. Das gefilterte Messsignal $\tilde{\mathbf{u}}_q$ der induzierten Spannung $\mathbf{u}_q$ (der Beobachtung q) wird mit Hilfe der MATLAB®-Funktion *filtfilt* berechnet, um die Phase des Messsignals nicht zu beeinflussen.

4.2.1.4 Statistische Auswertung nach GUM

Ziel der statistischen Auswertung ist es, gemäß dem Standard-GUM-Verfahren ein vollständiges Messergebnis für die Eingangsgrößen $\mathbf{u}$, $\tilde{\mathbf{u}}$ und $|\underline{\mathbf{U}}|$ anzugeben, um damit die Wiederholbarkeit der Messung zu beurteilen. Daher wird zu jedem Zeitpunkt n bzw. jeder Frequenz k der beste Schätzwert

$$\bar{u}[n] = \frac{1}{N_q} \sum_{q=1}^{N_q} u_q[n] \qquad n = 0,\ldots,N_n - 1 \tag{4.24}$$

$$\bar{\tilde{u}}[n] = \frac{1}{N_q} \sum_{q=1}^{N_q} \tilde{u}_q[n] \qquad n = 0,\ldots,N_n - 1 \tag{4.25}$$

$$|\bar{\underline{U}}[k]| = \frac{1}{N_q} \sum_{q=1}^{N_q} |\underline{U}_q[k]| \qquad k = 0,\ldots,N_n - 1 \tag{4.26}$$

mit $\bar{\mathbf{u}} = [\bar{u}[0],\ldots,\bar{u}[N_n-1]]$, $\bar{\tilde{\mathbf{u}}} = \left[\bar{\tilde{u}}[0],\ldots,\bar{\tilde{u}}[N_n-1]\right]$ und $|\bar{\underline{\mathbf{U}}}| = \left[|\bar{\underline{U}}[0]|,\ldots,|\bar{\underline{U}}[N_n-1]|\right]$ sowie die dem besten Schätzwert beigeordnete Standardunsicherheit

$$\varepsilon_{\bar{u}}[n] = \frac{1}{\sqrt{N_q}} \sqrt{\frac{1}{N_q-1} \sum_{q=1}^{N_q} \left(u_q[n] - \bar{u}[n]\right)^2} \qquad n = 0,\ldots,N_n - 1 \tag{4.27}$$

$$\varepsilon_{\bar{\tilde{u}}}[n] = \frac{1}{\sqrt{N_q}} \sqrt{\frac{1}{N_q-1} \sum_{q=1}^{N_q} \left(\tilde{u}_q[n] - \bar{\tilde{u}}[n]\right)^2} \qquad n = 0,\cdots,N_n - 1 \tag{4.28}$$

$$\varepsilon_{|\bar{\underline{U}}|}[k] = \frac{1}{\sqrt{N_q}} \sqrt{\frac{1}{N_q-1} \sum_{q=1}^{N_q} \left(|\underline{U}_q[k]| - |\bar{\underline{U}}[k]|\right)^2} \qquad k = 0,\ldots,N_n - 1 \tag{4.29}$$

mit $\boldsymbol{\varepsilon}_{\bar{u}} = \left[\varepsilon_{\bar{u}}[0],\ldots,\varepsilon_{\bar{u}}[N_n-1]\right]$, $\boldsymbol{\varepsilon}_{\bar{\tilde{u}}} = \left[\varepsilon_{\bar{\tilde{u}}}[0],\ldots,\varepsilon_{\bar{\tilde{u}}}[N_n-1]\right]$ und $\boldsymbol{\varepsilon}_{|\bar{\underline{U}}|} = \left[\varepsilon_{|\bar{\underline{U}}|}[0],\ldots,\varepsilon_{|\bar{\underline{U}}|}[N_n-1]\right]$ bestimmt. Da die Eingangsgrößen in diesem Fall auch die Messgrößen sind, kann man deren beigeordnete, erweiterte Standardunsicherheit durch Multiplikation mit dem Erweiterungsfaktor berechnen. Es gilt

$$\varepsilon^{\mathrm{e}}_{\bar{\mathrm{u}}}[n] = t_p(\nu)\cdot\varepsilon_{\bar{u}}[n] \qquad n = 0,\ldots,N_n-1 \tag{4.30}$$

$$\varepsilon^{\mathrm{e}}_{\bar{\bar{\mathrm{u}}}}[n] = t_p(\nu)\cdot\varepsilon_{\bar{\bar{u}}}[n] \qquad n = 0,\ldots,N_n-1 \tag{4.31}$$

$$\varepsilon^{\mathrm{e}}_{|\underline{\bar{\mathrm{U}}}|}[k] = t_p(\nu)\cdot\varepsilon_{|\underline{\bar{U}}|}[k] \qquad k = 0,\ldots,N_n-1 \tag{4.32}$$

mit $\boldsymbol{\varepsilon}^{\mathrm{e}}_{\bar{\bar{u}}} = \left[\varepsilon^{\mathrm{e}}_{\bar{\bar{u}}}[0],\ldots,\varepsilon^{\mathrm{e}}_{\bar{\bar{u}}}[N_n-1]\right]$, $\boldsymbol{\varepsilon}^{\mathrm{e}}_{\bar{\bar{u}}} = \left[\varepsilon^{\mathrm{e}}_{\bar{\bar{u}}}[0],\ldots,\varepsilon^{\mathrm{e}}_{\bar{\bar{u}}}[N_n-1]\right]$ und $\boldsymbol{\varepsilon}^{\mathrm{e}}_{|\underline{\bar{U}}|} = \left[\varepsilon^{\mathrm{e}}_{|\underline{\bar{U}}|}[0],\ldots,\varepsilon^{\mathrm{e}}_{|\underline{\bar{U}}|}[N_n-1]\right]$.

4.2.2 Ergebnisdiskussion

Im Rahmen der Untersuchungen werden Messungen ohne Prüfkörper (P_0), einem defektfreien Prüfkörper (P_1) und einem Prüfkörper mit Defekt (P_2) durchgeführt (vgl. Abb. 4.3). Prüfkörper P_2 besitzt eine Durchgangsbohrung mit einem Durchmesser von $D_{\mathrm{D}} = 4\,\mathrm{mm}$ im Abstand $a = 10\,\mathrm{mm}$ vom Mittelpunkt des Prüfkörpers. Bei jeder Messung werden die Prüfkörper unter einem bestimmten Winkel α relativ zum Gestell des Sensorsystems positioniert.

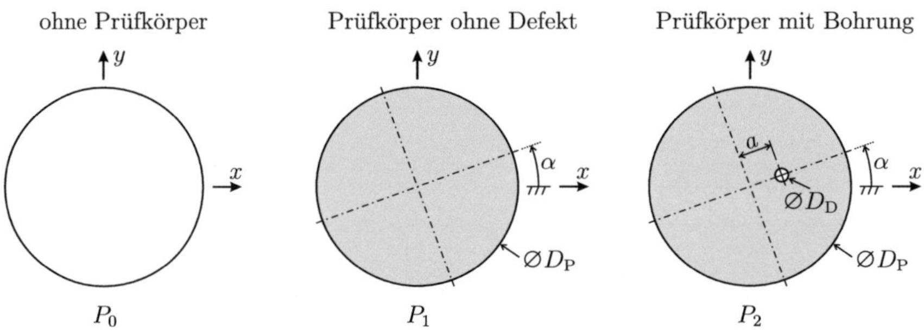

Abb. 4.3: Im Rahmen der Verifizierung das absoluten PMIECT-Systems werden Untersuchungen ohne Prüfkörper (P_0), einem Prüfkörper ohne Defekt (P_1) und einem Prüfkörper (P_2), der eine Durchgangsbohrung (Durchmesser $D_{\mathrm{D}} = 4\,\mathrm{mm}$) im Abstand $a = 10\,\mathrm{mm}$ enthält, durchgeführt. Alle Prüfkörper besitzen einen Außendurchmesser von $D_{\mathrm{P}} = 120\,\mathrm{mm}$ und eine Höhe von $H_{\mathrm{P}} = 6\,\mathrm{mm}$. Der Winkel α definiert die Orientierung des Prüfkörpers gegenüber dem Gestell des Sensorsystems.

Tabelle 4.1 beinhaltet den Messplan für die Verifizierung des absoluten PMIECT-Systems. Für jeden Prüfkörper (P_0, P_1, und P_2) werden jeweils $N_q = 5$ Beobachtungen mit einer Messdauer von $T_{\mathrm{M}} = 8\,\mathrm{s}$ bei einer Drehzahl von $1200\,\mathrm{min}^{-1}$ durchgeführt. Die Prüfkörper P_1 und P_2 sind dabei jeweils unter einem Winkel von $\alpha = 0°$ relativ zum Gestell des Sensorsystems ausgerichtet. Außerdem sind die Abstände zwischen der Prüffläche und den Magneten bzw. der Spule auf $[h_{\mathrm{M}}, h_{\mathrm{S}}] = [0.5\,\mathrm{mm}, 1\,\mathrm{mm}]$ eingestellt.

Tab. 4.1: Messplan für die Verifizierung des absoluten PMIECT-Systems.

Parameter	Wert	Beschreibung
T_M	8 s	Messdauer einer Beobachtung
N_q	5	Anzahl Messwiederholungen
n_0	$1200\,\mathrm{min}^{-1}$	Drehzahl der Magnetanordnung
α	$0\,°$	Prüfkörperorientierung
h_M	0.5 mm	Abstand der PM zur Prüffläche
h_S	1 mm	Abstand der Spule zur Prüffläche
Prüfkörper		
P_0		ohne Prüfkörper *
P_1		Prüfkörper ohne Defekt
P_2		Prüfkörper mit Bohrung

* Winkel α ist für P_0 nicht definiert.

Die zeitlichen Verläufe der gefilterten, induzierten Spannung $\bar{\bar{\mathbf{u}}}$ sowie die Amplitudenspektren $|\bar{\underline{\mathbf{U}}}|$ der untersuchten Prüfkörperszenarien sind in Abb. 4.4 gezeigt. Dabei sind die Zeitachsen der Signale auf die Periodendauer T_0 einer Umdrehung der Magnetanordnung und die Frequenzachsen der Amplitudenspektren auf die Frequenz $f_0 = 1/T_0$ normiert[2].

Anders als in den theoretischen Überlegungen zu einem idealen System (vgl. Abschnitt 3.2.1), wird im defektfreien Fall eine periodische, elektrische Spannung in der Spule induziert (vgl. Abb. 4.4 a) und b). Die zugehörigen Amplitudenspektren zeigen, dass in diesem Fall die zweite und vierte Harmonische die signifikanten Frequenzen für das Signal der induzierten Spannung sind. Da in der Spule ein periodisches Spannungssignal induziert wird, bedeutet dies im Umkehrschluss, dass sich der magnetische Fluss durch die Spule während der Rotation der Magnetanordnung auch im defektfreien Fall, periodisch mit der Zeit ändert.

Diese Flussänderung kann unter anderem durch Ungenauigkeiten in der konzentrischen Ausrichtung der Spule zur Kreisbahn der Permanentmagnete oder einer Verkippung der Antriebswelle gegenüber der Spule entstehen. Darüber hinaus kann eine mechanische Unwucht in Kombination mit Elastizitäten in den Lagerstellen der Welle zum Taumeln letzterer führen. Zusätzlich ist es denkbar, dass die Flussänderung durch Ungenauigkeiten in der Magnetisierung der Permanentmagnete oder deren Ausrichtung in der Magnetanordnung bedingt ist.

Vergleicht man das Messergebnis für den Fall mit Defekt (Abb. 4.4 c) mit den Ergebnissen für die Messungen ohne Defekt (Abb. 4.4 a) und b)), ist ein signifikanter Unterschied festzustellen. Im Fall mit Defekt ändert sich die Signalform und die Amplitude der induzierten Spannung gegenüber den beiden Fällen ohne Defekt. Dies zeigt sich auch im Amplitudenspektrum.

[2] Für die Darstellung der induzierten Spannungen sowie der Amplitudenspektren wird, falls nicht anders angegeben, zwischen den Abtastwerten zu den diskreten Zeitpunkten n bzw. zwischen den für die diskrete Frequenzen k berechneten Amplituden linear interpoliert. Deshalb werden die induzierten Spannungen in Abhängigkeit der Zeit t und die Amplitudenspektren in Abhängigkeit der Frequenz f dargestellt.

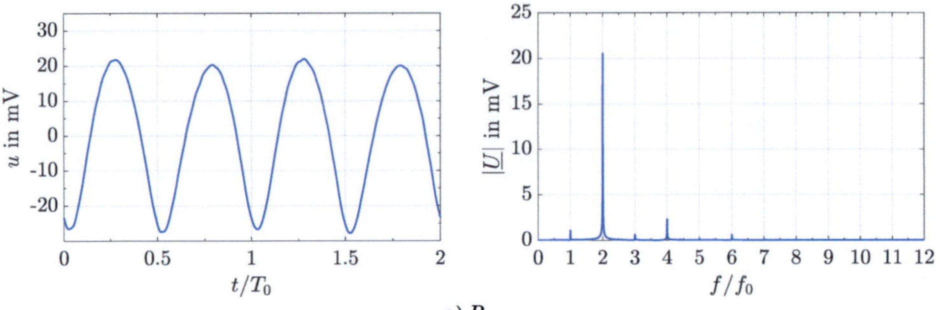

a) P_0

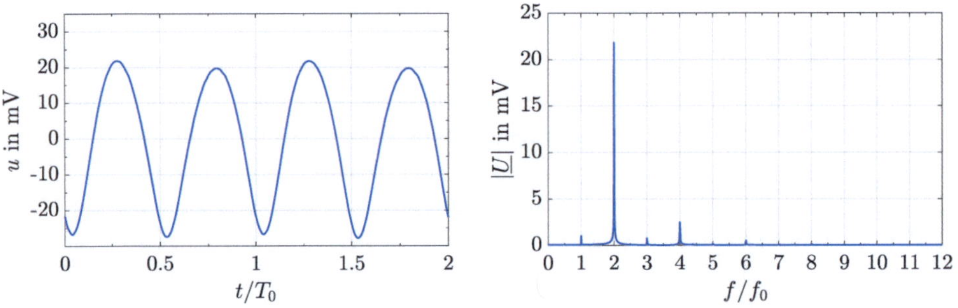

b) P_1

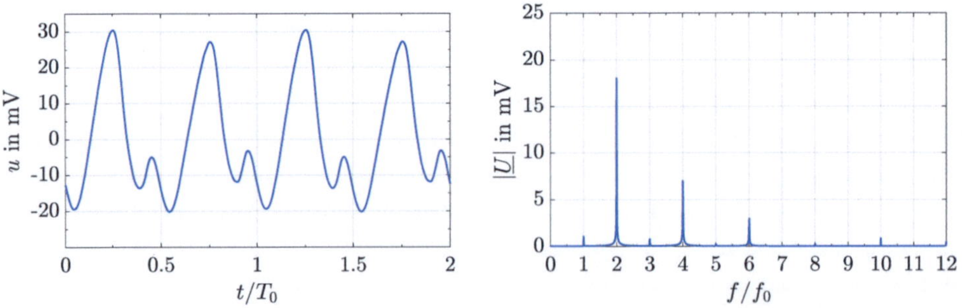

c) P_2

Abb. 4.4: Induzierte Spannung $\tilde{\underline{u}}$ und Amplitudenspektrum $|\tilde{\underline{U}}|$ für den Fall, dass eine Messung a) ohne Prüfkörper (P_0), b) mit defektfreiem Prüfkörper (P_1) und c) Prüfkörper mit Defekt (P_2) durchgeführt wird. Die Zeitachse ist auf die Periodendauer T_0 einer Umdrehung und die Frequenzachse auf $f_0 = 1/T_0$ normiert.

Dort unterscheiden sich die Amplitudenwerte der einzelnen Harmonischen von denen im defektfreien Fall. Neben der zweiten und vierten Harmonischen ist zusätzlich die sechste Harmonische als signifikante Frequenz der induzierten Spannung zu erkennen.

Aus den gezeigten Ergebnissen lässt sich schlussfolgern, dass es sowohl im Zeit-, als auch im Frequenzbereich möglich ist, eine Messung ohne Defekt von einer Messung mit Defekt zu unterscheiden. Mit Blick auf die spätere Anwendung des absoluten PMIECT-Systems zur Prüfung von Bauteilen bedeutet dies, dass die Ergebnisse immer mit einer Referenzmessung im defektfreien Fall zu vergleichen sind, um eine Aussage darüber treffen zu können, ob ein Defekt vorhanden ist oder nicht. Auch bei anderen ZfP-Verfahren (z.B. UT, ECT) ist der Vergleich mit einer Referenzmessung zur Kalibrierung erforderlich.

Um die Güte der Messung zu charakterisieren sind in Tabelle 4.2 zu jedem ausgewerteten Signal bzw. Amplitudenspektrum (vgl. Abschnitt 4.2.1) die maximale Standardunsicherheit

$$\hat{\varepsilon} = \max_{n} \{\boldsymbol{\varepsilon}\} \tag{4.33}$$

und die durchschnittliche Standardunsicherheit

$$\bar{\varepsilon} = \frac{1}{N_n} \sum_{n=0}^{N_n-1} \varepsilon[n] \tag{4.34}$$

angegeben.

Tab. 4.2: Standardunsicherheit der Messgrößen.

P_j	$\bar{\varepsilon}_{\bar{u}}$	$\hat{\varepsilon}_{\bar{u}}$	$\bar{\varepsilon}_{\bar{\bar{u}}}$	$\hat{\varepsilon}_{\bar{\bar{u}}}$	$\bar{\varepsilon}_{\lvert\underline{\bar{U}}\rvert}$	$\hat{\varepsilon}_{\lvert\underline{\bar{U}}\rvert}$
P_0	0.00064V	0.0020V	0.00031V	0.00074V	5.7×10^{-7}V	5.2×10^{-5}V
P_1	0.00044V	0.0012V	0.00030V	0.00065V	3.3×10^{-7}V	5.1×10^{-5}V
P_2	0.00056V	0.0018V	0.00044V	0.0013V	3.3×10^{-7}V	7.2×10^{-5}V

Anhand des Vergleichs der Ergebnisse für die Messungen ohne Prüfkörper bzw. Prüfkörper ohne Defekt in Abb. 4.4, ist zunächst kein signifikanter Unterschied der Signale feststellbar. Aufgrund der im Vergleich zur Signalamplitude geringen Standardunsicherheit der Signale sind diese in Abb. 4.5 gemeinsam dargestellt. Dabei ist ein kleiner Unterschied sowohl für die besten Schätzungen der jeweils induzierten Spannungen als auch in den Amplitudenspektren zu erkennen. Diese Unterschiede sind größer als die Maximalwerte der beigeordneten Standardunsicherheiten und auf die Verteilung der induzierten Wirbelströme im Prüfkörper P_1 zurückzuführen. Mögliche Ursachen dafür sind:

- Zeitliche Änderung des sekundären magnetischen Flusses während der Rotation der Magnetanordnung, infolge einer exzentrischen Ausrichtung letzterer gegenüber der Spule

- Beeinflussung des Verlaufs der induzierten Wirbelströme durch die Prüfkörperkanten (z.B. durch zu geringen Abstand zum Rand des Prüfkörpers, exzentrische Ausrichtung von Prüfkörper und Sensorsystem aufgrund von Fertigungstoleranzen),
- Variation des Abstands h_{M} während einer Umdrehung, wenn die Prüffläche nicht senkrecht zur Rotationsachse der Antriebswelle ist (Verkippung des Prüfkörpers) oder
- Unbekannte Inhomogenität in der elektrischen Leitfähigkeit des Prüfkörpers P_1.

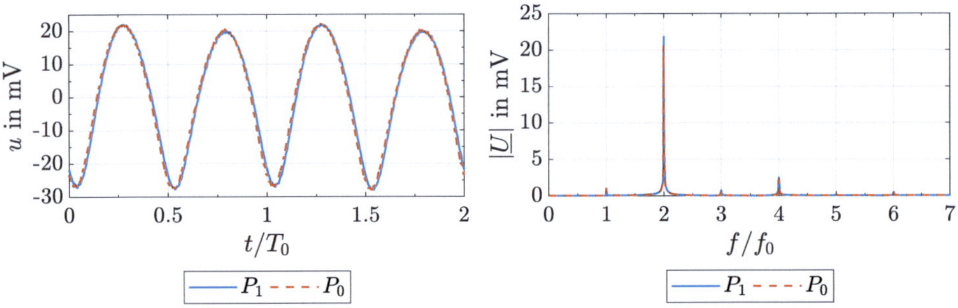

Abb. 4.5: Vergleich der induzierten Spannung $\bar{\bar{u}}$ (links) und der zugehörigen Amplitudenspektren $|\underline{\bar{U}}|$ (rechts) für die Messung ohne Prüfkörper (P_0) und die Messung mit defektfreiem Prüfkörper (P_1).

Die Autoren in [194] stellen einen Modellierungsansatz vor, um das dynamische Verhalten des mechanischen Systems zu beschreiben. Dabei wird die Antriebswelle zusammen mit der Magnetanordnung als Rotor mit unsymmetrischer Massenverteilung (Unwucht), der elastisch gegenüber dem Gestell des Sensorsystems gelagert ist, modelliert. Für dieses mechanische Modell wird die Bewegungsdifferentialgleichung unter Verwendung der Lagrangen-Gleichungen zweiter Art aufgestellt. Die Lösung der Bewegungsdifferentialgleichung zeigt, dass die Unwucht des mechanischen Systems eine Ursache für das periodische Spannungssignal im defektfreien Fall ist.

4.3 Differentielles PMIECT-System

In diesem Abschnitt wird untersucht, inwieweit sich das differentielle PMIECT-System für die Detektion von Defekten eignet. Dafür werden zunächst die für das System spezifischen Schritte der Messdatenauswertung beschrieben. Anschließend werden die Messsignale diskutiert und mit den Ergebnissen aus numerischen Simulationen verglichen.

4.3.1 Messdatenauswertung

Während der Messdauer T_M werden die induzierten Spannungen in den Spulen und die Ausgangsspannung des Hall-Sensors synchron abgetastet (siehe Abschnitt 4.1). Jedes der gemessenen Signale wird in $N_q = 10$ gleich lange Abschnitte unterteilt. Diese bilden die einzelnen Beobachtungen q. Analog zur Signalausrichtung des absoluten PMIECT-Systems, erfolgt die (zeitliche) Ausrichtung der Messsignale aus unterschiedlichen Beobachtungen anhand des Hall-Sensor-Signals. Dazu wird das Hall-Sensor Signal mit einem Butterworth-Tiefpassfilter fünfter Ordnung und einer cut-off Frequenz von $f_\mathrm{c} = 40 f_0$ gefiltert. Im weiteren Verlauf der Arbeit werden die induzierten Spannungen $\mathbf{u}$ und $\mathbf{u}'$ der gegenüberliegenden Spulen S_1 und S_1' betrachtet.

Beim differentiellen PMIECT-System wird ein Defekt anhand der Differenzspannung $\Delta\mathbf{u}$ der induzierten Spannungen $\mathbf{u}$ und $\mathbf{u}'$ zweier gegenüberliegenden Spulen detektiert. Somit folgt für die Modellgleichung

$$\Delta\mathbf{u} = \mathbf{u} - \mathbf{u}', \tag{4.35}$$

mit den Eingangsgrößen $\mathbf{x}_1 = \mathbf{u}$ und $\mathbf{x}_2 = \mathbf{u}'$ sowie der Ausgangsgröße $\mathbf{y} = \Delta\mathbf{u}$. Die Schätzwerte $\bar{\mathbf{x}}_i$ der Eingangsgrößen werden nach Gleichung 4.4 und die den Schätzwerten beigeordneten Standardunsicherheiten $\boldsymbol{\varepsilon}_{\bar{x}_i}$ nach Gleichung 4.5 berechnet. Weiterhin folgt für die Schätzwerte $\Delta\bar{\mathbf{u}}$ der Differenzspannung $\Delta\mathbf{u}$

$$\Delta\bar{\mathbf{u}} = \bar{\mathbf{u}} - \bar{\mathbf{u}}', \tag{4.36}$$

wobei die beigeordnete kombinierte Standardunsicherheit $\boldsymbol{\varepsilon}^\mathrm{c}_{\Delta\bar{u}}$ gemäß Gleichung 4.7 mit den konstanten Empfindlichkeitskoeffizienten $c_1 = 1$ und $c_2 = -1$ ermittelt wird. Für das vollständige Messergebnis gilt

$$\Delta\mathbf{u} = \Delta\bar{\mathbf{u}} \pm \boldsymbol{\varepsilon}^\mathrm{e}_{\Delta\bar{u}} = \Delta\bar{\mathbf{u}} \pm t_p(\nu) \cdot \boldsymbol{\varepsilon}^\mathrm{c}_{\Delta\bar{u}} \tag{4.37}$$

mit der erweiterten Standardunsicherheit $\boldsymbol{\varepsilon}^\mathrm{e}_{\Delta\bar{u}}$.

4.3.2 Ergebnisdiskussion

Es werden nachfolgend drei unterschiedliche Szenarien beschrieben. Im ersten Szenario $(P_{0,\mathrm{d}})$ wird die induzierte Spannung in zwei gegenüberliegenden Spulen betrachtet, ohne dass ein Prüfkörper vorhanden ist. In den beiden weiteren Szenarien werden zylindrische Prüfkörper aus Aluminium untersucht. Dabei ist der Prüfkörper im zweiten Szenario defektfrei $(P_{1,\mathrm{d}})$, während der Prüfkörper im dritten Szenario einen radialen Schlitz enthält $(P_{2,\mathrm{d}})$ (vgl. Abb. 3.6 unten).

Die Messungen mit einer Dauer von $T_\mathrm{M} = 8\,\mathrm{s}$ werden bei einer Drehzahl von $1200\,\mathrm{min}^{-1}$ durchgeführt, wobei die Abstände h_M und h_S jeweils auf 1 mm eingestellt sind. Im Fall der Prüfkörper $P_{1,\mathrm{d}}$ und $P_{2,\mathrm{d}}$ erfolgen die Messungen mit den Prüfkörperorientierungen $\alpha = 0°$ und $\alpha = 90°$. Der Messplan für die Verifizierung des differentiellen PMIECT-Systems ist in Tabelle 4.3 zusammengefasst.

Tab. 4.3: Messplan für die Verifizierung des differentiellen PMIECT-Systems.

Parameter	Wert	Beschreibung
T_M	8 s	Messdauer einer Beobachtung
N_q	10	Anzahl Messwiederholungen
n_0	$1200\,\mathrm{min}^{-1}$	Drehzahl der Magnetanordnung
α	$\{0°, 90°\}$	Prüfkörperorientierung
h_M	1 mm	Abstand der PM zur Prüffläche
h_S	1 mm	Abstand der Spulen zur Prüffläche
Prüfkörper		
$P_{0,\mathrm{d}}$		ohne Prüfkörper *
$P_{1,\mathrm{d}}$		Prüfkörper ohne Defekt
$P_{2,\mathrm{d}}$		Prüfkörper mit Defekt

* Winkel α ist für $P_{0,\mathrm{d}}$ nicht definiert.

In Abb. 4.6 sind die Messergebnisse aus vier unterschiedlichen Messungen dargestellt. Die Diagramme zeigen jeweils die in den Spulen induzierten Spannungen $\mathbf{u}$ und $\mathbf{u}'$ sowie das vollständige Messergebnis der Differenzspannung $\Delta\bar{\mathbf{u}} \pm t_p(\nu) \cdot \boldsymbol{\varepsilon}^\mathrm{c}_{\Delta\bar{u}}$ mit dem Erweiterungsfaktor $t_{0.95}(9) = 2.26$ in Abhängigkeit der Winkelposition φ für eine Umdrehung der Magnetanordnung.

Abb. 4.6 a) zeigt das Messergebnis für den Fall, dass kein Prüfkörper vorhanden ist, während das Messergebnis für den defektfreien Prüfkörper in Abb. 4.6 b) dargestellt ist. In Abb. 4.6 c) und d) sind die Messergebnisse für den Prüfkörper mit Defekt dargestellt. Dieser ist in Abb. 4.6 c) unter einem Winkel von $\alpha = 0°$ und in Abb. 4.6 d) unter einem Winkel von $\alpha = 90°$ relativ zum Gestell des Sensorsystems orientiert.

Anhand der periodischen Verläufe der induzierten Spannungen $\mathbf{u}$ und $\mathbf{u}'$ ist in jedem Diagramm zu erkennen, dass jeweils bei $\varphi = 90°$ und $\varphi = 270°$ ein Permanentmagnet die Spulen passiert. Nähert sich ein Permanentmagnet einer der Spulen an, nimmt der magnetische Fluss zu und die induzierte Spannung ist negativ (Gleichung 3.1). Wenn sich ein Permanentmagnet von der Spule entfernt, nimmt der magnetische Fluss durch die Querschnittsfläche der Spule ab und die induzierte Spannung ist positiv.

Darüber hinaus ist die induzierte Spannung $\mathbf{u}$ der Spule S bei $\varphi = 90°$ geringer als bei $\varphi = 270°$. Im Gegensatz dazu ist die in Spule S' induzierte Spannung $\mathbf{u}'$ bei $\varphi = 270°$ geringer als bei $\varphi = 90°$.

Vergleicht man den Verlauf der in den Spulen induzierten Spannungen immer dann, wenn der selbe Magnet die Spulen S und S' passiert, so unterscheiden sich die Verläufe $\mathbf{u}$ und $\mathbf{u}'$ entgegen den Erwartungen an ein ideales System (PM_1 passiert Spule S bei $\varphi = 90°$ und Spule S' bei $\varphi = 270°$; PM_2 passiert Spule S bei $\varphi = 270°$ und Spule S' bei $\varphi = 90°$). Aufgrund der Unterschiede in den Spannungsverläufen ist auch die Differenzspannung $\Delta\bar{\mathbf{u}}$ im defektfreien Fall verschieden von Null (vgl. Abb. 4.6 a) und b).

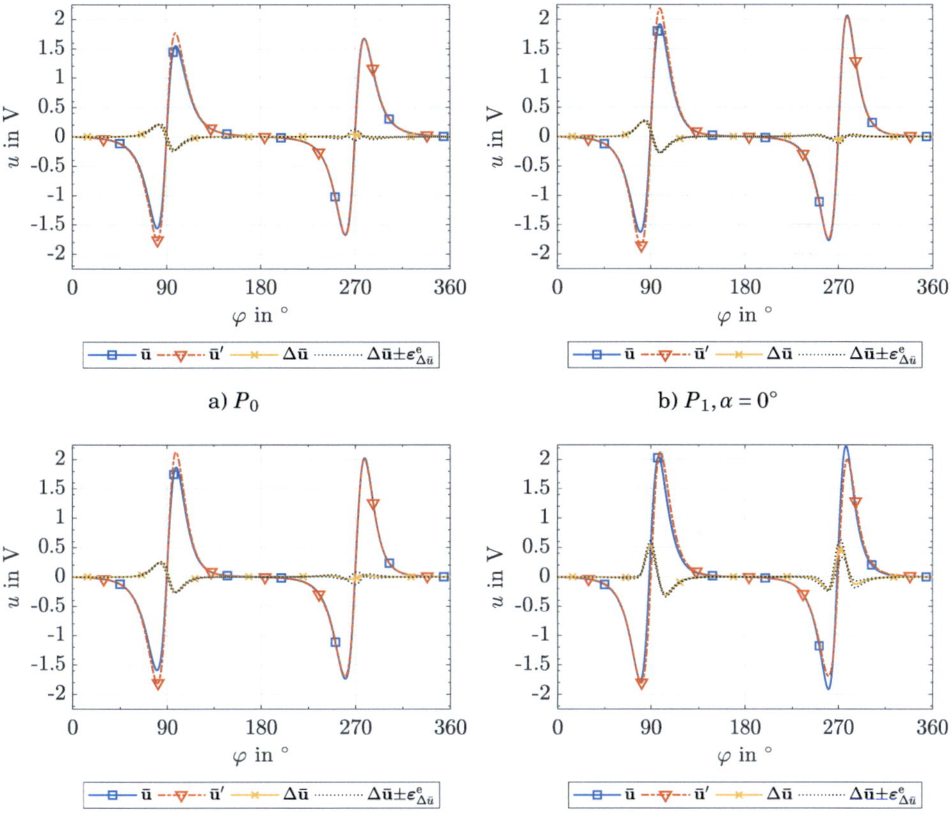

a) P_0

b) $P_1, \alpha = 0°$

c) $P_2, \alpha = 0°$

d) $P_2, \alpha = 90°$

Abb. 4.6: Induzierte Spannungen $\bar{\mathbf{u}}$ und $\bar{\mathbf{u}}'$ der gegenüberliegenden Spulen S und S' sowie deren Differenzspannung $\Delta\mathbf{u}$ bei einer Drehzahl von $n_0 = 1200\,\mathrm{min}^{-1}$ für die Messung a) ohne Prüfkörper $(P_{0,\mathrm{d}})$, b) mit dem defektfreien Prüfkörper $(P_{1,\mathrm{d}})$ bei $\alpha = 0°$ sowie dem Prüfkörper mit Schlitzdefekt $(P_{2,\mathrm{d}})$ bei c) $\alpha = 0°$ und d) $\alpha = 90°$.

Für den Fall, dass kein Prüfkörper vorhanden ist (Abb. 4.6 a), ist der Betrag des Scheitelwerts der induzierten Spannung gleich, egal ob sich ein Permanentmagnet einer Spule nähert oder sich von dieser weg bewegt. Folglich sind die Verläufe $\mathbf{u}$ und $\mathbf{u}'$ symmetrisch um 0 V. Dies trifft für Messungen mit einem Prüfkörper nicht zu. Die Messergebnisse in den Abb. 4.6 b), c) und d) zeigen, dass der Betrag des Scheitelwertes der induzierten Spannung geringer ist (etwa 20 %), wenn sich ein Permanentmagnet einer Spule nähert, als wenn dieser sich von einer Spule entfernt. Ein Vergleich der vier vorgestellten Prüfkörperszenarien zeigt eine signifikante Änderung des Verlaufs der Differenzspannung $\Delta\bar{\mathbf{u}}$, wenn sich der Defekt unter einem Winkel von $\alpha = 90°$ befindet (Abb. 4.6 d).

Daraus lässt sich schlussfolgern: Das vorgestellte differentielle PMIECT-System ist dazu geeignet, Defekte in elektrisch leitfähigen Prüfobjekten zu detektieren. Allerdings ist es notwendig, das Messergebnis mit dem aus einem defektfreien Fall zu vergleichen, um auf einen möglichen Defekt im Prüfkörper schließen zu können.

Die Messergebnisse zeigen außerdem, dass die Signalform der Differenzspannung von der Prüfkörperorientierung α abhängt. Befindet sich der Defekt zwischen den beiden betrachteten Spulen ($\alpha = 0°$, vgl. Abb. 4.6 c), besitzt die Differenzspannung einen qualitativ ähnlichen Verlauf, wie die für den defektfreien Prüfkörper P_1 (vgl. Abb. 4.6 b).

Anders als in den theoretischen Überlegungen ist das Differenzsignal $\Delta\bar{\mathbf{u}}$ im defektfreien Fall verschieden von Null. Der Grund hierfür ist, dass die zeitlichen Änderungen des magnetischen Flusses durch die Querschnittsflächen der gegenüberliegenden Spulen nicht übereinstimmen. Dies führt letztlich zu unterschiedlichen Verläufen der in den Spulen induzierten Spannungen. Als mögliche Ursachen können fertigungsbedingte Toleranzen des konstruktiven Aufbaus (z.B. Positions- und Lagetoleranzen der einzelnen Bauteile) oder unterschiedliche Magnetisierungen der beiden im Experiment verwendeten Permanentmagnete genannt werden. Zudem ist es denkbar, dass das dynamische Verhalten des mechanischen Systems das Messergebnis beeinflusst.

Betrachtet man die induzierte Spannung in einer Spule während einer Umdrehung der Magnetanordnung, so unterscheiden sich die Spannungen bei den Winkeln $\varphi = 90°$ und $\varphi = 270°$. Folglich sind die induzierten Spannungen davon abhängig, welcher der Permanentmagnete die jeweilige Spule passiert. Dies kann auf unterschiedliche Magnetisierungen der Permanentmagnete zurückgeführt werden. Zum Einen können sich die Remanenzflussdichten B_{r} der beiden Permanentmagnete unterscheiden, zum Anderen kann der Magnetisierungsvektor $\mathbf{M}$ gegenüber der Symmetrieachse der Magneten verdreht sein.

Ist darüber hinaus das Spulenarray exzentrisch zur Bahn der PM angeordnet, passiert jeder der PM zwei gegenüberliegende Spulen mit unterschiedlichem Abstand. Da das primäre Magnetfeld der Permanentmagnete mit zunehmendem Abstand vom jeweiligen Magneten abnimmt, unterscheidet sich auch die zeitliche Änderung des primären magnetischen Flusses durch die (effektive) Querschnittsfläche der Spulen und somit auch deren induzierte Spannungen.

Der Einfluss der induzierten Wirbelströme führt zudem zu einem unsymmetrischen Verlauf der induzierten Spannungen $\mathbf{u}$ und $\mathbf{u}'$, wenn ein Prüfkörper vorhanden ist. In weiterführenden Studien sollte daher untersucht werden, ob dieser Effekt durch die Störung der induzierten Wirbelströme an den Prüfkörperkanten bedingt ist. Andernfalls kann man anhand dieses Effekts erkennen, ob ein Prüfkörper vorhanden ist oder nicht.

Korrektur des Messergebnisses

Die zuvor genannten Einflüsse führen dazu, dass in den gegenüberliegenden Spulen unterschiedliche Spannungen induziert werden und auch ein Differenzsignal $\Delta\bar{\mathbf{u}}$ im defektfreien Fall messbar ist. Dieser Unterschied zu den theoretischen Überlegungen für ein ideales System (siehe Unterabschnitt 3.2.2) kann man als systematische Abweichung des Messergebnisses betrachten. Aufgrund dieser systematischen Abweichung ist es erforderlich, ein Messergebnis immer mit dem Ergebnis einer Referenzmessung zu vergleichen, um einen möglicherweise vorhandenen Defekt zu detektieren.

Im Folgenden soll das Messergebnis um diese systematische Abweichung korrigiert werden, mit dem Ziel, anhand des korrigierten Messergebnisses direkt auf das Vorhandensein eines Defekts schließen zu können. Dazu wird ein Defekt-Antwort-Signal (DAS) $\delta\mathbf{u}|_{P_j,\alpha}$ für einen bestimmten Prüfkörper P_j mit der Orientierung α als die Differenz zwischen den Differenzspannungen $\Delta\mathbf{u}|_{P_j,\alpha}$ des Prüfkörpers mit Defekt und $\Delta\mathbf{u}|_{P_1,\alpha_0}$ des defektfreien Prüfkörpers P_1 mit $\alpha_0 = 0°$ definiert. Somit erhält man die Modellgleichung für das korrigierte Messergebnis

$$\delta\mathbf{u}|_{P_j,\alpha} = \Delta\mathbf{u}|_{P_j,\alpha} - \Delta\mathbf{u}|_{P_1,\alpha_0} \tag{4.38}$$

$$\delta\mathbf{u}|_{P_j,\alpha} = \mathbf{u}|_{P_j,\alpha} - \mathbf{u}'|_{P_j,\alpha} - \left(\mathbf{u}|_{P_1,\alpha_0} - \mathbf{u}'|_{P_1,\alpha_0}\right) \tag{4.39}$$

$$\delta\mathbf{u}|_{P_j,\alpha} = \mathbf{u}|_{P_j,\alpha} - \mathbf{u}'|_{P_j,\alpha} - \mathbf{u}|_{P_1,\alpha_0} + \mathbf{u}'|_{P_1,\alpha_0} \tag{4.40}$$

mit den Eingangsgrößen

$$\mathbf{x}_1 = \mathbf{u}|_{P_j,\alpha}\ ,\ \mathbf{x}_2 = \mathbf{u}'|_{P_j,\alpha}\ ,\ \mathbf{x}_3 = \mathbf{u}|_{P_1,\alpha_0}\ ,\ \mathbf{x}_4 = \mathbf{u}'|_{P_1,\alpha_0}$$

und der Ausgangsgröße $\mathbf{y} = \delta\mathbf{u}|_{P_j,\alpha}$. Die kombinierte Standardunsicherheit $\boldsymbol{\varepsilon}^{\mathrm{c}}_{\delta u|_{P_j,\alpha}}$ des DAS wird anhand den Schätzwerten $\bar{\mathbf{x}}_i$ und den beigeordneten Standardunsicherheiten $\boldsymbol{\varepsilon}_{\bar{x}_i}$ der gemessenen Eingangsgrößen sowie den Empfindlichkeitskoeffizienten $[c_1, c_2, c_3, c_4] = [1, -1, -1, 1]$ berechnet. Für das vollständige Messergebnis des DAS gilt

$$\delta\mathbf{u}|_{P_j,\alpha} = \delta\bar{\mathbf{u}}|_{P_j,\alpha} \pm \boldsymbol{\varepsilon}^{\mathrm{e}}_{\delta\bar{u}|_{P_j,\alpha}} = \delta\bar{\mathbf{u}}|_{P_j,\alpha} \pm t_{\mathrm{p}}(\nu)\cdot\boldsymbol{\varepsilon}^{\mathrm{c}}_{\delta\bar{u}|_{P_j,\alpha}}. \tag{4.41}$$

In Abb. 4.7 a) ist das Messergebnis des DAS $\delta\mathbf{u}|_{P_2,90°}$ dargestellt. Es zeigt einen charakteristischen Signalverlauf immer dann, wenn einer der PM den Defekt unter der Spule S passiert (PM_1 passiert den Defekt bei $\varphi = 90°$ und PM_2 bei $\varphi = 270°$). Nähert sich einer der beiden PM dem Defekt, fällt das DAS auf ein lokales Minimum. Anschließend nimmt die Spannung zu und erreicht bei $\varphi \approx 90°$ bzw. $\varphi \approx 270°$ ein lokales Maximum. Das DAS fällt erneut auf ein lokales Minimum, wenn sich ein PM vom Defekt weg bewegt. Dies ist betragsmäßig kleiner als das lokale Minimum, wenn sich ein PM dem Defekt nähert.

Für die normierten Signale (Index n) zeigt Abb. 4.7 b) den Vergleich des besten Schätzwerts $\delta\bar{\mathbf{u}}_\mathrm{n}|_{P_2,90°}$ für das Messergebnis des DAS $\delta\mathbf{u}_\mathrm{n}|_{P_2,90°}$ mit den Ergebnissen einer quasistatischen $\delta\mathbf{u}_\mathrm{n}^\mathrm{QSA}|_{P_2,90°}$ und einer transienten $\delta\mathbf{u}_\mathrm{n}^\mathrm{TR}|_{P_2,90°}$ Simulation für ein ideales System [195]. Der Normierungsfaktor $\hat{u}$ wird sowohl für den besten Schätzwert des Messergebnisses, als auch für die beiden Simulationsergebnisse separat bestimmt. Es gilt

$$\hat{u} = \max\left(\hat{u}|_{P_2,90°}, \hat{u}'|_{P_2,90°}, \hat{u}|_{P_1,\alpha_0}, \hat{u}'|_{P_1,\alpha_0}\right), \tag{4.42}$$

mit

$$\hat{u}|_{P_j,\alpha} = \max_n\left(\left|\mathbf{u}|_{P_j,\alpha}\right|\right) \tag{4.43}$$

und

$$\hat{u}'|_{P_j,\alpha} = \max_n\left(\left|\mathbf{u}'|_{P_j,\alpha}\right|\right) \tag{4.44}$$

für $n = 0, \cdots, N_n - 1$.

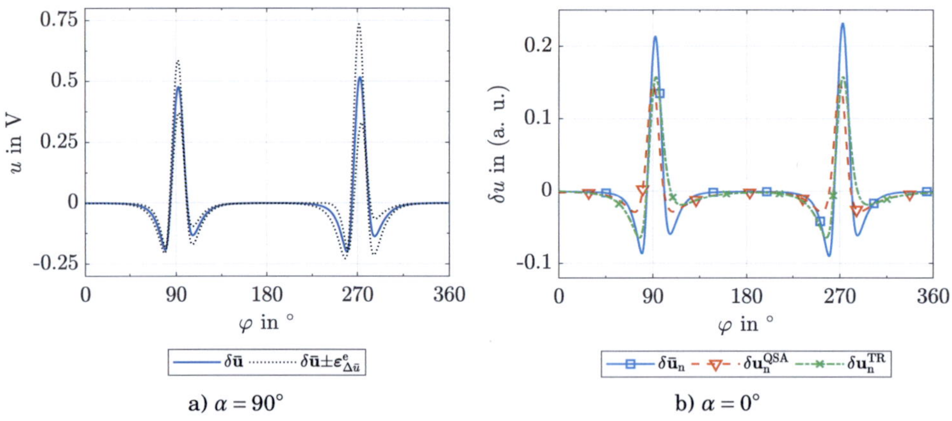

Abb. 4.7: a) Messergebnis für das DAS $\delta\mathbf{u}|_{P_2,90°}$ und b) Vergleich des besten Schätzwerts $\delta\bar{\mathbf{u}}|_{P_2,90°}$ des DAS mit denen aus einer quasistatischen $\delta\mathbf{u}_\mathrm{n}^\mathrm{QSA}\Big|_{P_2,90°}$ und einer transienten Simulation $\delta\mathbf{u}_\mathrm{n}^\mathrm{TR}|_{P_2,90°}$ für $n_0 = 1200\,\mathrm{min}^{-1}$.

In allen drei Fällen besitzen die DAS einen ähnlichen Signalverlauf, jedoch unterscheiden sich die lokalen Extremstellen, wenn ein PM den Defekt passiert. Bei dem DAS $\delta\mathbf{u}_\mathrm{n}^\mathrm{QSA}|_{P_2,90°}$ der quasistatischen Simulation sind die Beträge der lokalen Minima gleich groß, egal ob sich ein PM dem Defekt nähert oder sich von diesem weg bewegt. Im Fall der Messung $\left(\delta\bar{\mathbf{u}}_\mathrm{n}|_{P_2,90°}\right)$ und der transienten Simulation $\left(\delta\mathbf{u}_\mathrm{n}^\mathrm{TR}|_{P_2,90°}\right)$ unterscheiden sich deren Beträge, je nachdem ob sich ein PM dem Defekt nähert, oder sich von diesem entfernt. Außerdem ist das lokale Maximum des charakteristischen Signalverlaufs im Fall der Messung und der transienten Simulation gegenüber dem der quasistatischen Simulation verzögert.

Der Unterschied zwischen dem quasistatischen und dem transienten Ansatz ist auf die Vernachlässigung der zeitlichen Änderung des sekundären Magnetfelds zurückzuführen (siehe Unterabschnitt 2.2.2.1). Anhand des Vergleichs ist ersichtlich, dass der transiente Ansatz für die Abbildung des Messergebnisses besser geeignet ist als der quasistatische.

4.4 Variantenvergleich und Auswahlbegründung

Auf Basis des Vergleichs der oben genannten Lösungsvarianten ist das für den Anwendungszweck besser geeignete Prinzip zu ermitteln.

Die Ergebnisse der einführenden Experimente zeigen, dass sich beide Lösungsvarianten zur Detektion von Defekten in elektrisch leitfähigen Prüfkörpern eignen. Aufgrund von fertigungsbedingten Toleranzen des konstruktiven Aufbaus, der verwendeten PM und des dynamischen Verhaltens des mechanischen Systems, sind beide Lösungsvarianten mit einer Referenzmessung im defektfreien Fall zu kalibrieren, um auf einen möglichen Defekt schließen zu können.

Neben dem Messprinzip unterscheiden sich die beiden PMIECT-Systeme hinsichtlich ihrer konstruktiven Komplexität und Baugröße. Der konstruktive Aufbau des absoluten PMIECT-Systems ist weniger komplex (geringere Bauteilanzahl, geringere Anforderungen an die Toleranzen der Bauteile), und der benötigte Bauraum ist geringer als der des differentiellen PMIECT-Systems. Wegen des geringeren Bauraums eignet sich das absolute System zudem eher für die Prüfung kleinerer Prüfflächen und ist besser als handgeführtes System einsetzbar. Deshalb werden die nachfolgenden Studien nur für das absolute PMIECT-System durchgeführt. Aus den Ergebnissen dieser Studien sollen Handlungsempfehlungen für Bauteilprüfungen mit dem absoluten PMIECT-System abgeleitet werden.

KAPITEL 5

Experimente zur Validierung des absoluten PMIECT-Systems

In diesem Kapitel werden die experimentellen Arbeiten zur Validierung des absoluten PMIECT-Systems vorgestellt. Das Ziel ist es, anhand der gewonnen Erkenntnisse, Handlungsempfehlungen für den Einsatz des Systems als handgeführtes Prüfgerät abzuleiten. Zu diesem Zweck wird untersucht, wie sich die Prüfkörperorientierung auf die induzierte Spannung im Fall eines Prüfkörpers mit und ohne Defekt auswirkt. Des Weiteren wird im Rahmen der Defektstudie (Abschnitt 5.2) untersucht, ob verschiedene Defekte anhand des Messergebnisses voneinander zu unterscheiden sind (Unterabschnitt 5.2.1) und wie sich mehrere Defekte in einem Prüfkörper auf das Messergebnis auswirken (Unterabschnitt 5.2.2). Anschließende Betrachtungen dienen dazu den Einfluss der Drehzahl auf das Messergebnis zu analysieren. Um darüber hinaus zu untersuchen wie Prüfkörperkanten oder die Position eines Defekts relativ zum Sensorsystem das Messergebnis beeinflussen, werden in Abschnitt 5.4 Prüfkörperplatten punktuell gescannt. Abschließend werden die aus den Experimenten gewonnen Erkenntnisse zusammengefasst.

5.1 Winkelstudie

Die vorausgehenden Experimente mit dem absoluten PMIECT-System zeigen, dass sich die Zeitsignale und die zugehörigen Amplitudenspektren für den Fall des defektfreien Prüfkörpers (P_1) und des Prüfkörpers mit Bohrung (P_2) unterscheiden (siehe Abschnitt 4.2). Es ist jedoch anzumerken, dass die Orientierung α des Prüfkörpers gegenüber dem Gestell des Sensors das Messergebnis beeinflusst. Aus diesem Grund werden Messungen mit den Prüfkörpern P_1

und P_2 durchgeführt, wobei die Orientierung α zwischen 0° und 360° in Schritten von 20° und 45° variiert (vgl. Tabelle 5.1). Darüber hinaus wird die Drehzahl in Schritten von $100\,\mathrm{min}^{-1}$ zwischen $0\,\mathrm{min}^{-1}$ und $2000\,\mathrm{min}^{-1}$ verändert. Für jeden Prüfkörper P_j, jeden Winkel α und jede Drehzahl n_0 werden $N_q = 5$ Beobachtungen mit einer Messdauer von $T_\mathrm{M} = 5\,\mathrm{s}$ durchgeführt.

Tab. 5.1: Messplan für die Winkelstudie.

Parameter	Wert	Beschreibung
T_M	5 s	Messdauer einer Beobachtung
N_q	5	Anzahl Messwiederholungen
n_0	$\{0\,\mathrm{min}^{-1} : 100\,\mathrm{min}^{-1} : 2000\,\mathrm{min}^{-1}\}$	Drehzahl der Magnetanordnung
α	$\{0° : 20° : 360°\} \cup \{0° : 45° : 360°\}$	Prüfkörperorientierung
h_M	0.5 mm	Abstand der PM zur Prüffläche
h_S	1 mm	Abstand der Spule zur Prüffläche
Prüfkörper		
P_1		Prüfkörper ohne Defekt
P_2		Prüfkörper mit Bohrung

Abb. 5.1 zeigt die induzierte Spannung $\bar{\bar{\mathbf{u}}}|_{P_j,\alpha}$ für unterschiedliche Winkel $\alpha \in \{0°, 40°, 80°\}$ der Prüfkörper P_1 (Abb. 5.1 a) und P_2 (Abb. 5.1 b) bei einer Drehzahl von $n_0 = 1200\,\mathrm{min}^{-1}$. Während der Winkel α im Fall des Prüfkörpers ohne Defekt keinen erkennbaren Einfluss auf das Spannungssignal hat, ist die Änderung der induzierten Spannung für den Fall des Prüfkörpers mit Defekt in Abhängigkeit von α deutlich erkennbar. Aus dieser Tatsache lassen sich zwei Hypothesen ableiten:

1. Das Spannungssignal für einen Prüfkörper mit Defekt ist die Überlagerung der induzierten Spannung im Fall eines Prüfkörpers ohne Defekt mit einer induzierten Spannung, die durch den Einfluss des Defekts auf die Wirbelströme hervorgerufen wird. Demnach ist die induzierte Spannung im defektfreien Fall als systematische Abweichung aufzufassen.
2. Die Phasenlage des zusätzlichen, durch den Defekt hervorgerufenen Spannungssignals (relativ zum Spannungssignal im Fall ohne Defekt) hängt von der Prüfkörperorientierung α ab.

Zur Überprüfung dieser Hypothesen wird für einen Prüfkörper P_j mit einer bestimmten Orientierung α ein Defekt-Antwort-Signal $\Delta\mathbf{u}|_{P_j,\alpha}$ allgemein mit

$$\Delta\mathbf{u}|_{P_j,\alpha} = \mathbf{u}|_{P_j,\alpha} - \mathbf{u}|_{P_1,\alpha_0}, \tag{5.1}$$

definiert[1]. Das Defekt-Antwort-Signal entspricht dem Anteil der induzierten Spannung, welcher durch den Einfluss des Defekts auf die Wirbelströme hervorgerufen wird und ist die Korrektur

[1] Für die Berechnung des DAS ist es erforderlich, dass die Drehzahl n_0 für beide Signale $\mathbf{u}|_{P_j,\alpha}$ und $\mathbf{u}|_{P_1,\alpha_0}$ gleich ist. Im Sinne einer Kompakten Darstellung wird die Drehzahl nicht als Index mit angegeben.

des Messergebnisses um die systematische Abweichung im Fall ohne Defekt (P_1). Weil die induzierte Spannung für den Prüfkörper P_1 unabhängig vom Winkel α ist, wird $\alpha_0 = 0°$ festgelegt. Somit ist $\mathbf{u}|_{P_1,\alpha_0}$ die defektfreie Referenzmessung.

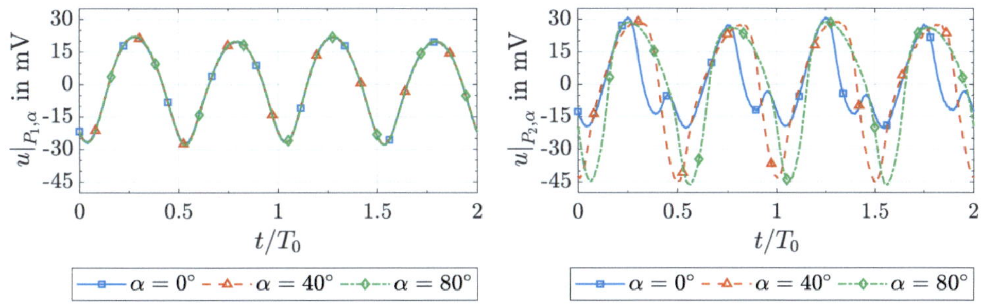

a) b)

Abb. 5.1: Einfluss der Prüfkörperorientierung α auf die induzierte Spannung $\bar{\tilde{\mathbf{u}}}|_{P_j,\alpha}$ für a) den Prüfkörper P_1 (ohne Defekt) und b) den Prüfkörper P_2 (mit Bohrung), dargestellt für $n_0 = 1200\,\mathrm{min}^{-1}$.

Für $n_0 = 1200\,\mathrm{min}^{-1}$ und $\alpha = 0°$ ist in Abbildung 5.2 a) das aus den ungefilterten Spannungssignalen $\mathbf{u}|_{P_2,0°}$ und $\mathbf{u}|_{P_1,\alpha_0}$ berechnete DAS $\Delta\mathbf{u}|_{P_2,0°}$ sowie in Abbildung 5.2 b) das aus den gefilterten Spannungssignalen $\tilde{\mathbf{u}}|_{P_2,0°}$ und $\tilde{\mathbf{u}}|_{P_1,\alpha_0}$ berechnete DAS $\Delta\tilde{\mathbf{u}}|_{P_2,0°}$ dargestellt. Dabei ist der Erweiterungsfaktor $t_{0.95}(4) = 2.78$.

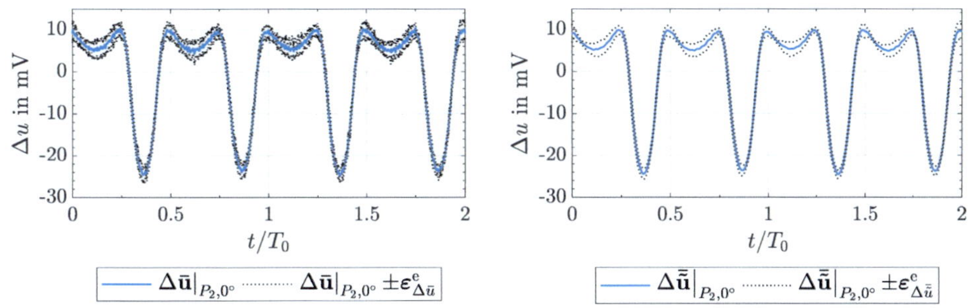

a) b)

Abb. 5.2: Vollständiges Messergebnis für a) das ungefilterte DAS $\Delta\mathbf{u}|_{P_2,0°}$ und b) das gefilterte DAS $\Delta\tilde{\mathbf{u}}|_{P_2,0°}$, dargestellt für $n_0 = 1200\,\mathrm{min}^{-1}$.

In beiden Fällen zeigen die vollständigen Messergebnisse einen determinierten Signalverlauf für das DAS. Dieser wiederholt sich zwei Mal je Umdrehung, da in der Magnetanordnung zwei nominell gleiche Permanentmagnete verwendet werden, deren Magnetisierung gleich ausgerichtet ist (Abb. 3.4). Im Sinne einer übersichtlichen Darstellung der Messergebnisse werden diese im weiteren Verlauf der Arbeit anhand ihres besten Schätzwertes diskutiert und auf die Angabe der beigeordneten Standardunsicherheit und die Darstellung eines Überdeckungsintervalls verzichtet.

Mittels eines qualitativen Vergleichs der DAS für die Winkel $\alpha \in \{0°, 40°, 80°\}$ (Abb. 5.3) ist zu erkennen, dass deren Signalform nicht von der Orientierung α des Prüfkörpers abhängt. Folglich bestätigt diese Erkenntnis die erste Hypothese. Die induzierte Spannung im Fall eines Defekts ist die additive Überlagerung der induzierten Spannung im defektfreien Fall mit einem für den Defekt charakteristischen DAS. Das DAS kann daher als diejenige induzierte Spannung interpretiert werden, welche aufgrund der zeitlichen Änderung des sekundären magnetischen Flusses

$$\Phi^{(s)} = \int_A \mathbf{B}^{(s)} \cdot \mathrm{d}\mathbf{A} = \int_A B_z^{(s)} \mathrm{d}A \tag{5.2}$$

durch die Querschnittsfläche A der Spule induziert wird.

Des Weiteren sind die dargestellten DAS $\Delta\tilde{\bar{\mathbf{u}}}|_{P_2,\alpha}$ in Abhängigkeit des Winkels α zueinander phasenverschoben (Abb. 5.3 a). Betrachtet man die Phasenlage der einzelnen DAS zueinander, ist zudem eine Korrelation zwischen der Phasenverschiebung zweier Signale und der Differenz deren Winkel α erkennbar.

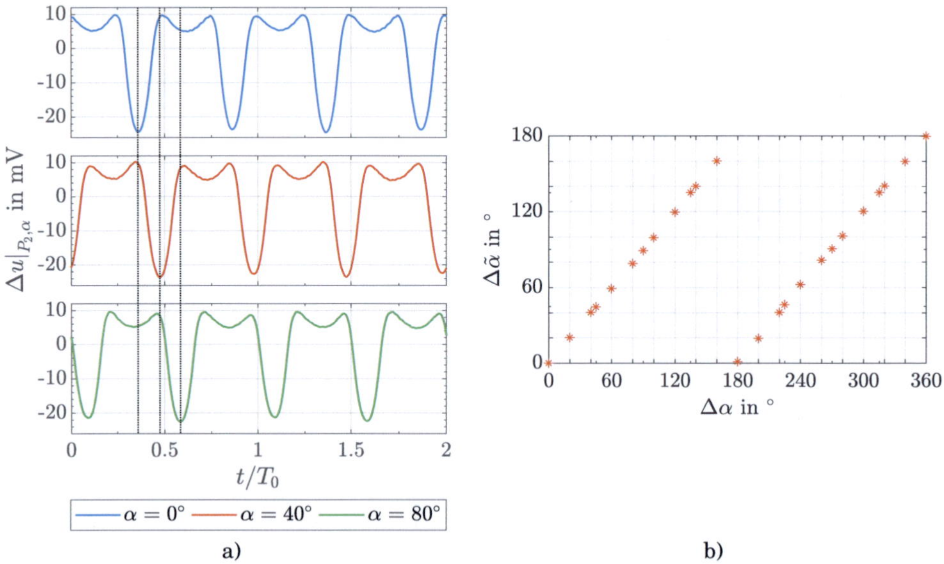

Abb. 5.3: a) Einfluss der Prüfkörperorientierung α auf das DAS $\Delta\tilde{\bar{\mathbf{u}}}|_{P_2,\alpha}$ und b) die Abschätzung der Winkeldifferenz $\Delta\tilde{\alpha}$ durch Korrelation von $\Delta\tilde{\bar{\mathbf{u}}}|_{P_2,\alpha}$ mit dem Referenz-DAS $\Delta\tilde{\bar{\mathbf{u}}}|_{P_2,\alpha_0}$, dargestellt für $n_0 = 1200\,\mathrm{min}^{-1}$.

Wenn die Phasenlage eines DAS $\Delta\bar{\tilde{\mathbf{u}}}|_{P_j,\alpha}$ vom Winkel α abhängt, dann hängt auch die Phasenverschiebung zwischen zwei DAS $\Delta\bar{\tilde{\mathbf{u}}}|_{P_j,\alpha_1}$ und $\Delta\bar{\tilde{\mathbf{u}}}|_{P_j,\alpha_2}$ von der Differenz ihrer Winkel α_1 und α_2 ab. Deshalb wird für die Überprüfung der zweiten Hypothese das DAS $\Delta\bar{\tilde{\mathbf{u}}}|_{P_2,\alpha_0}$ als Referenz festgelegt und der Winkelunterschied

$$\Delta\alpha = \alpha - \alpha_0 \tag{5.3}$$

definiert. Um den Winkelunterschied zwischen dem Referenz-DAS $\Delta\bar{\tilde{\mathbf{u}}}|_{P_2,\alpha_0}$ und einem DAS $\Delta\tilde{\mathbf{u}}|_{P_2,\alpha}$ für einen bestimmten Winkel α, abzuschätzen wird die Korrelationsfunktion $\boldsymbol{\phi} = \left[\phi[-N_n+1],\ldots,\phi[N_n-1]\right]$ mit

$$\phi[m] = \frac{1}{N_n}\sum_{n=0}^{N_n-1} \Delta u|_{P_2,\alpha}[n]\cdot \Delta u|_{P_2,\alpha_0}[n+m] \tag{5.4}$$

berechnet. Sie ist ein Maß für die Übereinstimmung der beiden DAS $\Delta\tilde{\mathbf{u}}|_{P_2,\alpha}$ und $\Delta\tilde{\mathbf{u}}|_{P_2,\alpha_0}$ in Abhängigkeit der Verschiebung m [173]. Bei der Verschiebung $m = m_{\max}$ mit

$$\hat{\phi}[m_{\max}] = \max_m\left(|\boldsymbol{\phi}|\right) \tag{5.5}$$

stimmen die beiden DAS am besten überein. Demnach ist es möglich die Phasenverschiebung $\Delta\tilde{\alpha}$ zwischen den DAS mit

$$\Delta\tilde{\alpha} = \begin{cases} \frac{m_{\max}}{N_0}\cdot 360° + 180° & \text{für } m_{\max} < 0 \\ \frac{m_{\max}}{N_0}\cdot 360° & \text{sonst} \end{cases} \tag{5.6}$$

abzuschätzen. In Abb. 5.3 b) ist die nach Gleichung 5.6 geschätzte Phasenverschiebung über dem am Versuchsaufbau eingestellten Winkelunterschied dargestellt. Das Ergebnis zeigt einen mit 180° periodischen, sägezahnförmigen Verlauf für die Abhängigkeit der geschätzten Phasenverschiebung $\Delta\tilde{\alpha}$ von dem im Experiment eingestellten Winkelunterschied $\Delta\alpha$. Für $\Delta\tilde{\alpha} = 60°$ kann der Winkelunterschied $\Delta\alpha$ des Experiments entweder 60° oder 240° betragen. Somit bestätigt das Ergebnis die zweite Hypothese. Es ist möglich, die Winkelposition eines Defekts relativ zum Gestell des Sensorsystems zu lokalisieren. Jedoch zeigt das Ergebnis in Abb. 5.3 b), dass es zwei mögliche Lagen für den Defekt gibt. In Abschnitt 5.4 wird deshalb untersucht, inwieweit eine Verschiebung des Sensorsystems gegenüber dem Prüfkörper zur Lokalisierung eines Defekts nutzbar ist.

Bisher wurden alle Messergebnisse mittels A_t-Bildern, bei denen die induzierte Spannung in Abhängigkeit der Zeit (Index t), oder A_f-Bildern, bei denen das Amplitudenspektrum in Abhängigkeit der Frequenz (Index f) dargestellt ist, analysiert. Alternativ dazu bietet es sich an, die induzierte Spannung bzw. das zugehörige Amplitudenspektrum zusätzlich in Abhängigkeit eines weiteren Parameters, wie beispielsweise dem Winkel α, in Form von B_t- oder B_f-Bildern, darzustellen.

Abb. 5.4 zeigt die induzierte Spannung $\bar{\tilde{u}}|_{P_1}[n,\alpha]$ über drei Perioden und die untersuchten Winkel (Tabelle 5.1) für den defektfreien Prüfkörper P_1. Sowohl in der perspektivischen Ansicht

(Abb. 5.4 oben) als auch in der Draufsicht (Abb. 5.4 unten) ist zu sehen, dass die Orientierung des Prüfkörpers keinen Einfluss auf die induzierte Spannung hat.

Zum Vergleich ist in Abb. 5.5 die induzierte Spannung $\bar{\bar{u}}|_{P_2}[n,\alpha]$ für den Prüfkörper P_2 dargestellt. Dabei ist die Änderung der Signalform in Abhängigkeit des Winkels α zu sehen. Insbesondere anhand der Draufsicht (Abb. 5.5 unten) ist zu erkennen, dass sich die Signalform periodisch mit $\alpha = 180°$ wiederholt.

Das B_t-Bild des DAS $\Delta\bar{\bar{u}}|_{P_2}[n,\alpha]$ (Abb. 5.6) bestätigt die zuvor formulierten Hypothesen. Es zeigt, dass die Signalform unabhängig vom Winkel α ist und die Phasenlage des DAS von α abhängt. Außerdem ist in der Draufsicht (Abb. 5.6 unten) zu erkennen, dass

$$\Delta\bar{\bar{u}}|_{P_2}[n,\alpha] \approx \Delta\bar{\bar{u}}|_{P_2}[n,\alpha+180°] \tag{5.7}$$

ist.

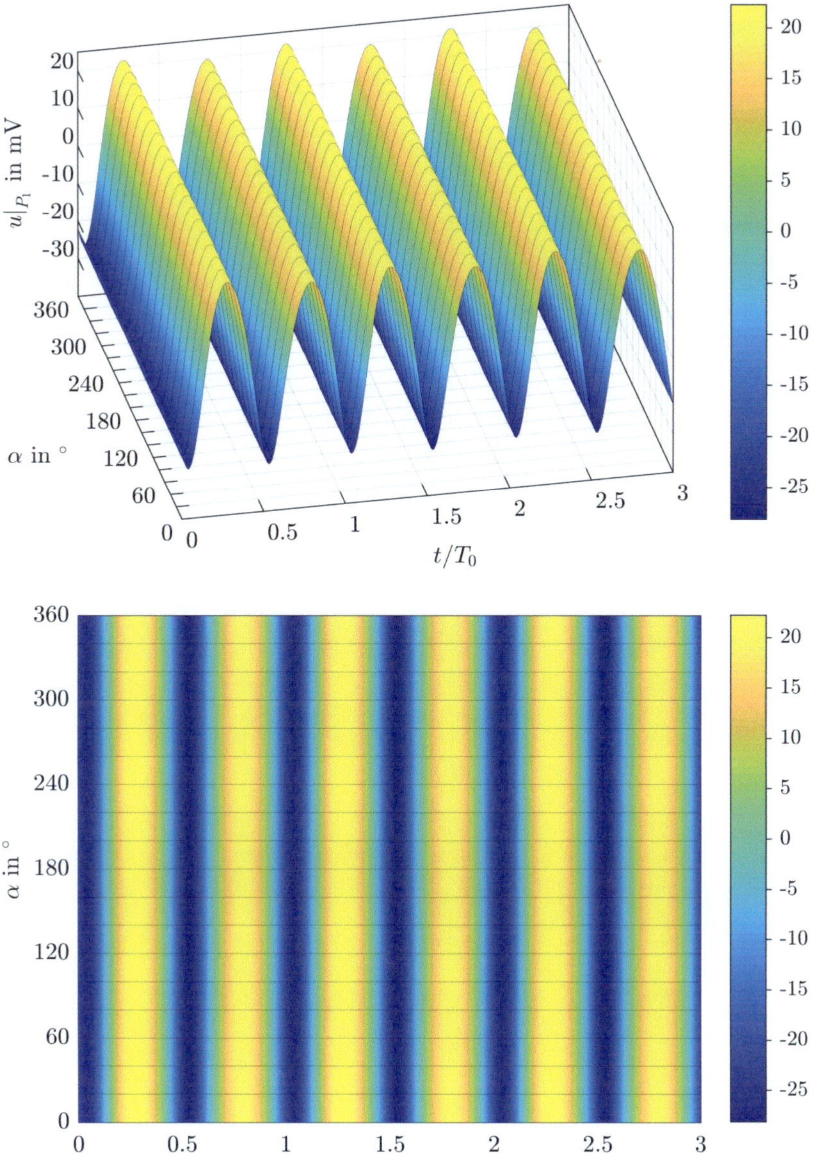

Abb. 5.4: B_t-Bilder der induzierten Spannung $\bar{\tilde{u}}\big|_{P_1}[n,\alpha]$ in verschiedenen Ansichten, dargestellt für $n_0 = 1200\,\text{min}^{-1}$.

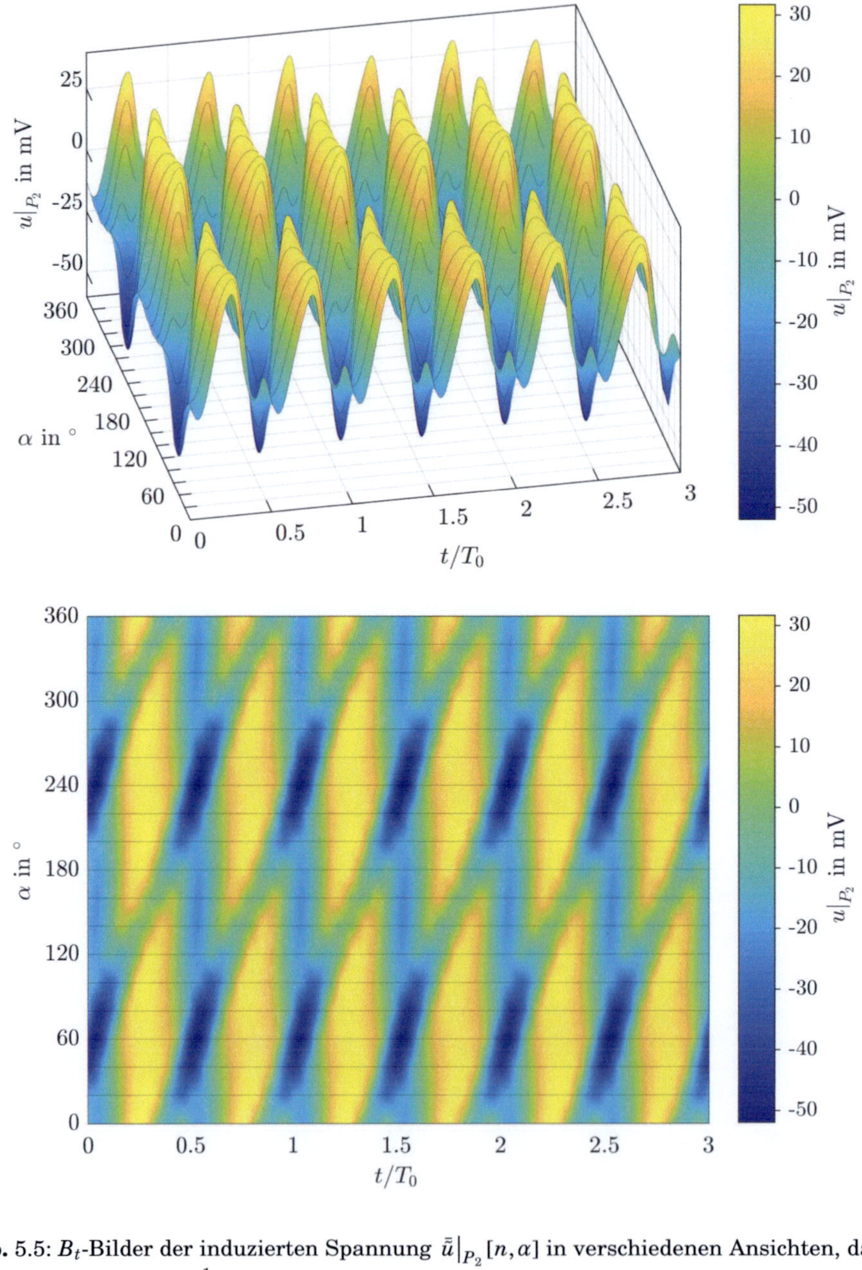

Abb. 5.5: B_t-Bilder der induzierten Spannung $\bar{\bar{u}}|_{P_2}[n,\alpha]$ in verschiedenen Ansichten, dargestellt für $n_0 = 1200\,\mathrm{min}^{-1}$.

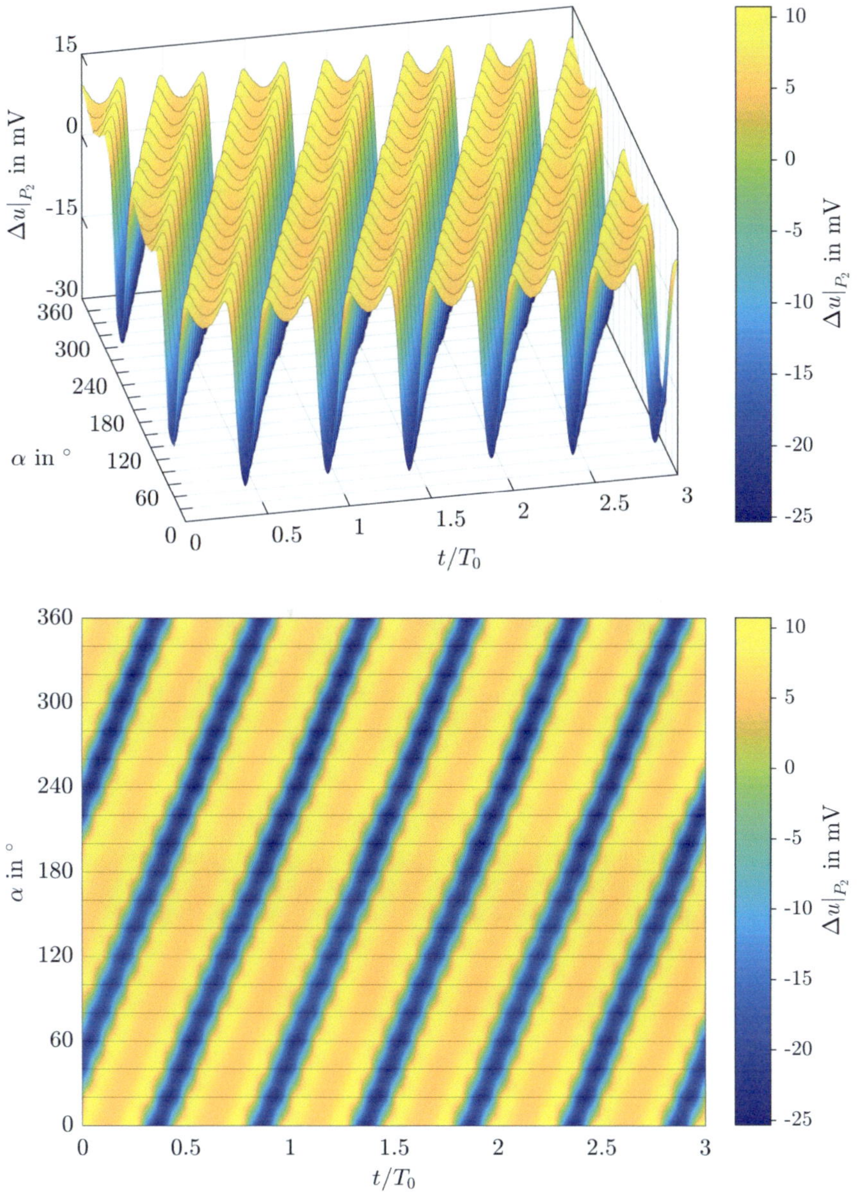

Abb. 5.6: B_t-Bilder des Defekt-Antwort-Signals $\Delta\bar{\tilde{u}}\big|_{P_2}[n,\alpha]$ in verschiedenen Ansichten, dargestellt für $n_0 = 1200\,\mathrm{min}^{-1}$.

Auch die Amplitudenspektren $\left|\bar{\underline{U}}\right|_{P_1}[k,\alpha]\right|$ (Abb. 5.7) und $\left|\bar{\underline{U}}\right|_{P_2}[k,\alpha]\right|$ (Abb. 5.8) zeigen, dass der Winkel α das Messergebnis nur im Fall eines Defekts beeinflusst. In beiden Fällen treten nur Harmonische der Frequenz f_0 im Spektrum auf. Während das Amplitudenspektrum im Fall von Prüfkörper P_1 unabhängig von der Prüfkörperorientierung ist, ändern sich die Amplituden der Harmonischen des Amplitudenspektrums für Prüfkörper P_2 periodisch mit α. Zur Detektion eines Defekts im Frequenzbereich ist es daher auch möglich, lediglich die Amplituden der Harmonischen zu bestimmen und diese mit denen einer defektfreien Referenzmessung zu vergleichen[2].

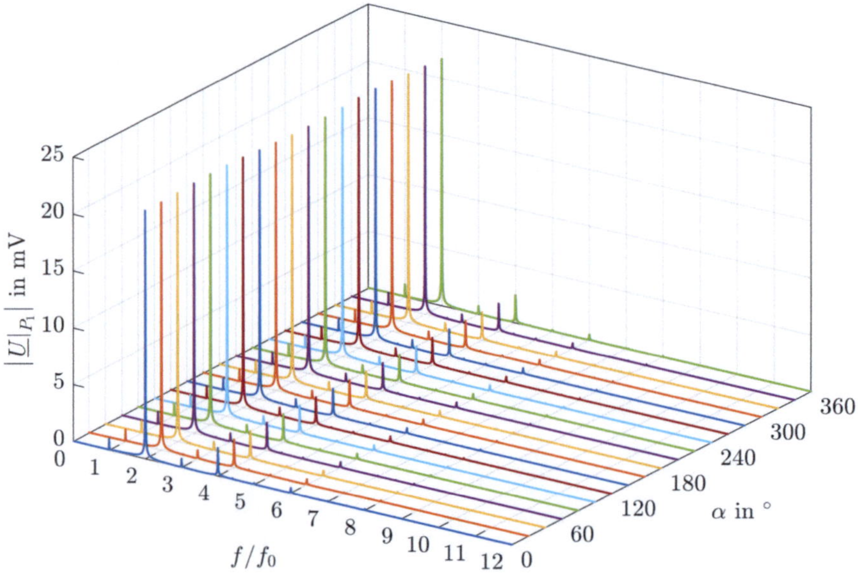

Abb. 5.7: B_f-Bild des Amplitudenspektrums $\left|\bar{\underline{U}}\right|_{P_1}[k,\alpha]\right|$, dargestellt für $n_0 = 1200\,\mathrm{min}^{-1}$.

[2]Der Goertzel-Algorithmus ist eine effiziente Methode zur Berechnung des Spektrums für ausgewählte Frequenzen [69].

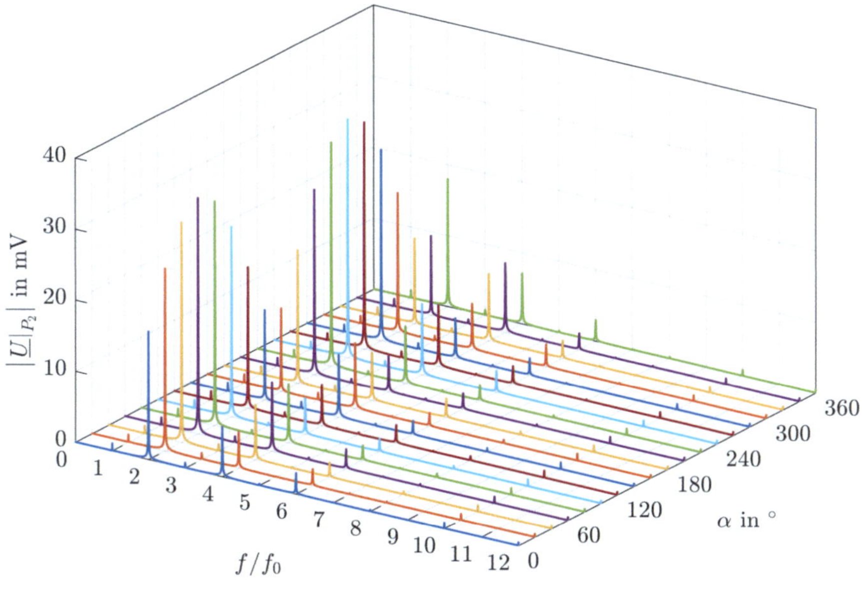

Abb. 5.8: B_f-Bild des Amplitudenspektrums $\left|\underline{\bar{U}}|_{P_2}[k,\alpha]\right|$, dargestellt für $n_0 = 1200\,\mathrm{min}^{-1}$.

Weiterhin kann das Spektrum $\Delta\underline{\bar{\mathbf{U}}}|_{P_j,\alpha} = \left[\Delta\underline{\bar{U}}|_{P_j,\alpha}[0],\ldots,\Delta\underline{\bar{U}}|_{P_j,\alpha}[N_\mathrm{n}-1]\right]$ des DAS $\Delta\bar{\mathbf{u}}|_{P_j,\alpha}$ mittels der DFT bestimmt werden. Es gilt für jede diskrete Frequenz $k = 0,1,2,\ldots,N_\mathrm{n}-1$

$$\Delta\underline{\bar{U}}|_{P_j,\alpha}[k] = \sum_{n=0}^{N_n-1} \Delta\bar{u}|_{P_j,\alpha}[n]\; e^{-j2\pi k \frac{n}{N_0}} \tag{5.8}$$

wobei $n = 0,1,2,\ldots,N_\mathrm{n}-1$.

Abb. 5.9 zeigt, dass der Winkel α das Amplitudenspektrum $\left|\Delta\underline{\bar{U}}|_{P_2}[k,\alpha]\right|$ beeinflusst. Vergleicht man die in Abb. 5.3 dargestellten DAS $\Delta\bar{\bar{\mathbf{u}}}|_{\mathrm{P}_2,\alpha}$ mit $\alpha \in \{0°, 40°, 80°\}$ nicht nur qualitativ anhand deren Signalform, sondern betrachtet auch deren Amplituden, ist zu erkennen, dass letztere in Abhängigkeit von α geringfügig variieren.

Um zu überprüfen, ob die Ursache für diese Variation systematisch ist, wird die Signalleistung

$$P_\Delta|_{P_j,n_0}[\alpha] = \frac{1}{N_n}\sum_{n=0}^{N_n-1}\left[\Delta\bar{\bar{u}}|_{P_j,n_0}[n,\alpha]\right]^2 \tag{5.9}$$

und der jeweilige Mittelwert

$$\bar{P}_\Delta|_{P_j,n_0} = \frac{1}{N_\alpha}\sum_{\alpha} P_\Delta|_{P_j,n_0}[\alpha] \tag{5.10}$$

bei unterschiedlichen Drehzahlen n_0 berechnet. Dabei ist $N_\alpha = 25$ die Anzahl der untersuchten Prüfkörperorientierungen α (Tabelle 5.1).

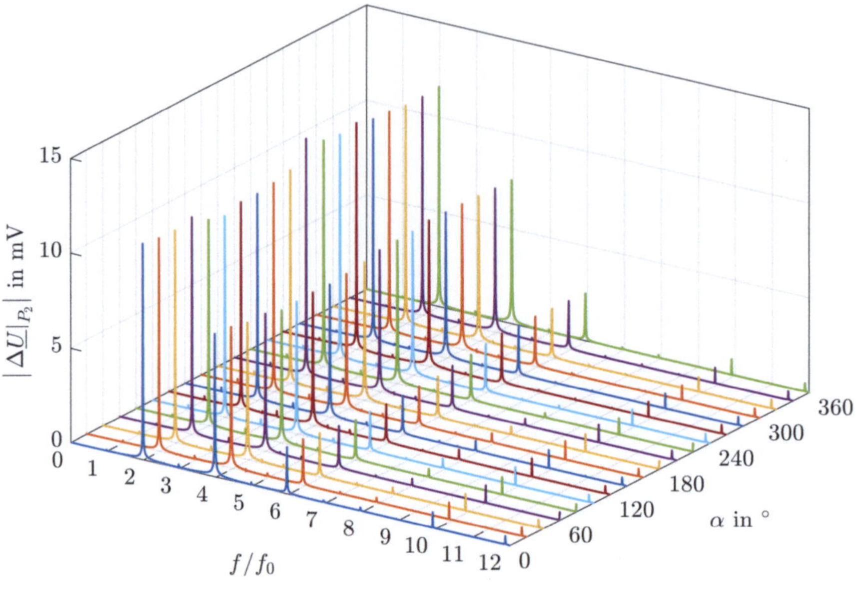

Abb. 5.9: B_f-Bild des Amplitudenspektrums $\left|\Delta\bar{\underline{U}}|_{P_2}[k,\alpha]\right|$, dargestellt für $n_0 = 1200\,\text{min}^{-1}$.

Das Ergebnis ist in Abb. 5.10 für $n_0 \in \{400\,\text{min}^{-1}, 800\,\text{min}^{-1}, 1200\,\text{min}^{-1}, 1600\,\text{min}^{-1}\}$ und den Prüfkörper P_2 dargestellt. Vergleicht man die einzelnen Leistungen $P_\Delta|_{P_2,n_0}[\alpha]$, so weisen diese bei jeder Drehzahl einen ähnlichen Verlauf um den jeweiligen Mittelwert $\bar{P}_\Delta|_{P_2,n_0}$ auf. Aufgrund des charakteristischen Verlaufs kann die Variation des DAS sowie dessen Amplitudenspektrum auf eine systematische Abweichung zurückgeführt werden. Eine Ursache dafür kann sein, dass dieser Verlauf aus der exzentrischen Ausrichtung zwischen der Spule und der Magnetanordnung resultiert.

Darüber hinaus zeigen die Ergebnisse, dass die Signalleistung mit zunehmender Drehzahl steigt (siehe auch Abschnitt 5.3).

Zusätzlich zur Analyse der induzierten Spannung im Zeit- und Frequenzbereich kann die Leistung des DAS zur Detektion eines Defekts herangezogen werden. Es ist denkbar einen Schwellwert für die Leistung des DAS festzulegen, um das geprüfte Bauteil hinsichtlich dessen Eignung für den vorgesehenen Einsatzzweck zu klassifizieren. Allerdings ist bei der Entscheidung, ob das Bauteil für diesen Einsatzzweck geeignet ist, zu berücksichtigen, dass die Leistung des DAS nicht nur von der Größe eines Defekts, sondern auch von dessen Lage im Bauteil abhängt. Wie bei allen ECT-Verfahren kann ein kleiner, oberflächennaher Defekt die gleiche Auswirkung auf das Messergebnis besitzen, wie ein großer Defekt, der sich weiter im Prüfkörperinneren befindet.

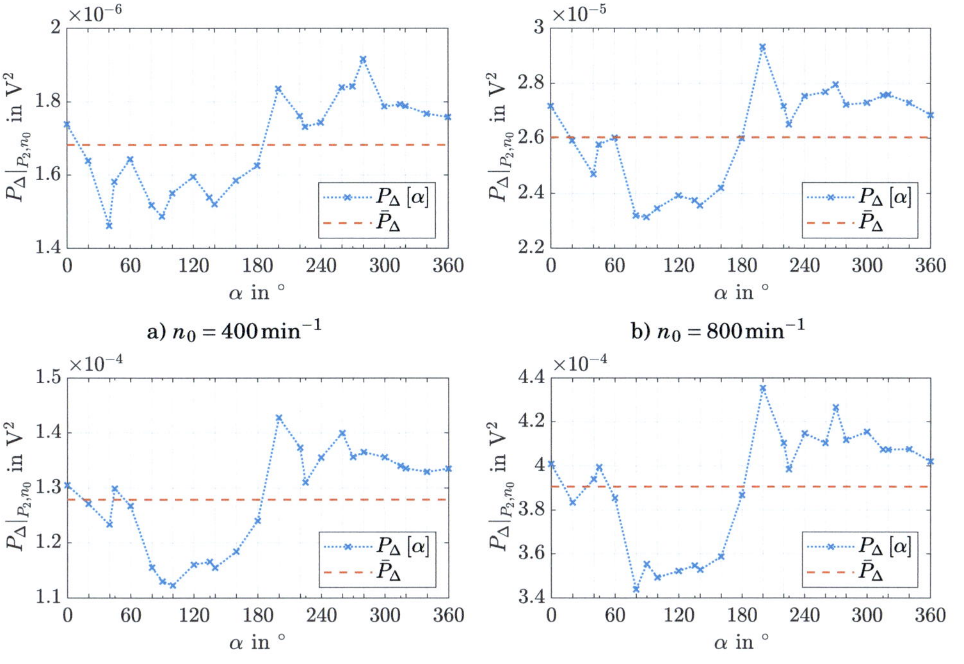

a) $n_0 = 400\,\mathrm{min}^{-1}$ b) $n_0 = 800\,\mathrm{min}^{-1}$ c) $n_0 = 1200\,\mathrm{min}^{-1}$ d) $n_0 = 1600\,\mathrm{min}^{-1}$

Abb. 5.10: Leistung des DAS $P_\Delta|_{P_2,n_0}[\alpha]$ und zugehöriger Mittelwert $\bar{P}_\Delta|_{P_2,n_0}$ für $n_0 \in \{400\,\mathrm{min}^{-1}, 800\,\mathrm{min}^{-1}, 1200\,\mathrm{min}^{-1}, 1600\,\mathrm{min}^{-1}\}$.

Zusammenfassung

Im Rahmen der vorgestellten Winkelstudie wird der Einfluss der Prüfkörperorientierung auf die induzierte Spannung untersucht. Die Messergebnisse zeigen, dass die Signalform der induzierten Spannung nur dann von der Prüfkörperorientierung abhängt, wenn der Prüfkörper einen Defekt enthält. Im defektfreien Fall ist die induzierte Spannung unabhängig von der Prüfkörperorientierung und daher als systematische Abweichung zu betrachten. Es kann gezeigt werden, dass der untersuchte Defekt (Bohrung) ein charakteristisches DAS besitzt, welches der induzierten Spannung im defektfreien Fall überlagert ist. Die Phasenlage des DAS hängt von der Prüfkörperorientierung bzw. der Lage des Defekts entlang der Bahn der PM ab.

Darüber hinaus werden unterschiedliche Möglichkeiten zur Darstellung und Interpretation der Messergebnisse vorgestellt. In A_t-Bildern ist die induzierte Spannung in Abhängigkeit der Zeit und in A_f-Bildern das zugehörige Amplitudenspektrum in Abhängigkeit der Frequenz dargestellt. Das Messergebnis bezieht sich dabei immer auf eine bestimmte Position oder einen bestimmten Bereich in der Umgebung dieser Position. Um einen Defekt zu erkennen, ist es notwendig die A-Bilder für einen unbekannten Prüfkörper mit den A-Bildern einer defektfreien Referenzmessung zu vergleichen (siehe Abschnitt 4.2).

Durch die Aneinanderreihung mehrerer A-Bilder in Abhängigkeit eines zusätzlichen Parameters, ergibt sich ein B-Bild. Mit Hilfe von B-Bildern kann untersucht werden, wie die induzierte Spannung (B_t-Bild) und das zugehörige Amplitudenspektrum (B_f-Bild) von einem zusätzlichen Parameter abhängen (hier Prüfkörperorientierung α).

Eine weitere Möglichkeit zur Interpretation des Messergebnisses ist es, die Leistung des DAS zu betrachten, sowohl an einer bestimmten Position des Prüfkörpers als auch in Abhängigkeit eines weiteren Parameters. Anders als die induzierten Spannung oder das Amplitudenspektrum kann die Leistung auch als C-Bild, abhängig von zwei Parametern (z.B. Position in x- und y-Richtung) dargestellt werden. C-Bilder eignen sich daher besonders bei der Untersuchung von Prüfflächen für die Interpretation der Messergebnisse. Im Sinne einer einfachen Ja-Nein-Entscheidung, ob ein Defekt relevant ist oder nicht, ist es denkbar, einen Schwellwert für die maximal zulässige Leistung des DAS zu definieren.

5.2 Defektstudie

In diesem Abschnitt werden Untersuchungsergebnisse von Prüfkörpern mit verschiedenen Defekten und Prüfkörpern, die mehrere Defekte enthalten, vorgestellt. Im ersten Teil wird betrachtet, inwieweit sich verschiedene Defekte auf das Messergebnis auswirken und ob diese anhand des Messergebnisses zu unterscheiden sind. In der anschließenden Studie wird analysiert, welchen Einfluss mehrere Defekte in einem Prüfkörper auf das DAS haben.

5.2.1 Untersuchung unterschiedlicher Defektgeometrien

Ziel dieser Arbeit ist es, den Einfluss der Geometrie eines Defekts und dessen Lage relativ zur Bahn der PM auf das DAS zu untersuchen. Hierfür werden Messungen mit den Prüfkörpern P_1, P_2, P_3 und P_4 bei unterschiedlichen Drehzahlen n_0 und Winkeln α durchgeführt (Tab. 5.2). Der Mittelpunkt des jeweiligen Defekts ist im Abstand $a = 10\,\mathrm{mm}$ vom Mittelpunkt der zylindrischen Aluminiumprüfkörper (Durchmesser $D_\mathrm{P} = 120\,\mathrm{mm}$, Höhe $H_\mathrm{P} = 6\,\mathrm{mm}$) entfernt. Die Prüfkörper P_3 und P_4 enthalten einen Schlitzdefekt der Länge $l_\mathrm{D} = 12\,\mathrm{mm}$ und der Breite $b_\mathrm{D} = 4\,\mathrm{mm}$ über die gesamte Höhe des Prüfkörpers (Abb. 5.11). In P_3 ist der Schlitz radial und in P_4 tangential zur Bahn der PM orientiert (Abb. 5.13).

Tab. 5.2: Messplan für die Untersuchungen zur Defektgeometrie.

Parameter	Wert	Beschreibung
T_M	$5\,\mathrm{s}$	Messdauer einer Beobachtung
N_q	5	Anzahl Messwiederholungen
n_0	$\{0\,\mathrm{min}^{-1} : 100\,\mathrm{min}^{-1} : 2000\,\mathrm{min}^{-1}\}$	Drehzahl der Magnetanordnung
α	$\{0° : 20° : 360°\} \cup \{0° : 45° : 360°\}$	Prüfkörperorientierung
h_M	$0.5\,\mathrm{mm}$	Abstand der PM zur Prüffläche
h_S	$1\,\mathrm{mm}$	Abstand der Spule zur Prüffläche
Prüfkörper		
P_1		Prüfkörper ohne Defekt
P_2		Prüfkörper mit Bohrung
P_3		Prüfkörper mit radialem Schlitz
P_4		Prüfkörper mit tangentialem Schlitz

In Abb. 5.12 sind die DAS $\Delta\bar{\tilde{\mathbf{u}}}|_{P_j,\alpha}$ sowie deren Amplitudenspektren $\left|\Delta\underline{\bar{\mathbf{U}}}|_{P_j,\alpha}\right|$ für die Prüfkörper P_2, P_3 und P_4 bei einer Drehzahl von $n_0 = 1200\,\mathrm{min}^{-1}$ und dem Winkel $\alpha = 0°$ dargestellt[3]. Für alle drei Prüfkörper haben die DAS einen periodischen Verlauf, unterscheiden sich jedoch in der Signalform sowie den Amplituden der Harmonischen f/f_0.

[3] In Anhang A.2 wird jeweils die induzierte Spannung $\bar{\tilde{\mathbf{u}}}|_{P_1,\alpha}$ zusammen mit den induzierten Spannungen $\bar{\tilde{\mathbf{u}}}|_{P_j,\alpha}$ und dem DAS $\Delta\bar{\tilde{\mathbf{u}}}|_{P_j,\alpha}$ für die Prüfkörper P_2, P_3 und P_4 gezeigt.

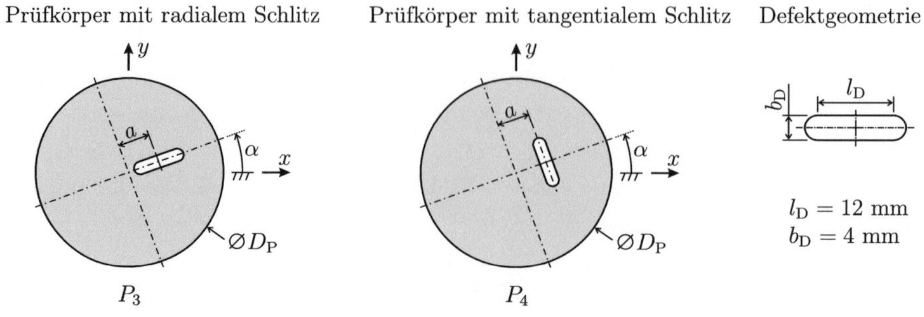

Abb. 5.11: Prüfkörper (Außendurchmesser $D_P = 120\,\text{mm}$, Höhe $H = 6\,\text{mm}$) mit radialem (P_3) und tangentialem (P_4) Schlitzdefekt (Länge $l_D = 12\,\text{mm}$, Breite $b_D = 4\,\text{mm}$) im Abstand $a = 10\,\text{mm}$. Der Winkel α definiert die Orientierung des Prüfkörpers gegenüber dem Gestell des Sensorsystems.

Die DAS der Prüfkörper P_2 und P_3 haben zwar unterschiedliche Signalformen, allerdings sind die Amplituden ihrer DAS etwa gleich groß, obwohl das Volumen des Schlitzdefekts größer ist als das der Bohrung.

Vergleicht man das DAS $\Delta\bar{\tilde{\mathbf{u}}}|_{P_4,0°}$ mit den beiden zuvor genannten, ist dessen Signalform ähnlich zu dem der Bohrung $\left(\Delta\bar{\tilde{\mathbf{u}}}|_{P_2,0°}\right)$, allerdings ist der Wertebereich größer. Weiterhin ist festzuhalten, dass sich die Signalformen und die Amplituden der beiden DAS $\Delta\bar{\tilde{\mathbf{u}}}|_{P_3,0°}$ und $\Delta\bar{\tilde{\mathbf{u}}}|_{P_4,0°}$ unterscheiden, obwohl die Defektgeometrie in beiden Prüfkörpern gleich ist.

Folglich hängt das DAS eines Defekts nicht nur von der Geometrie oder dem Volumen des Defekts ab, sondern auch von dessen Lage und Orientierung relativ zur Bahn der PM (Abb. 5.13). Die PM passieren sowohl die Bohrung, als auch den Schlitzdefekt in Prüfkörper P_4 tangential, während der Schlitzdefekt in Prüfkörper P_3 überquert wird.

Aus der ähnlichen Signalform der DAS $\Delta\bar{\tilde{\mathbf{u}}}|_{P_2,0°}$ und $\Delta\bar{\tilde{\mathbf{u}}}|_{P_4,0°}$ lässt sich schlussfolgern, dass die Wirbelstromverteilung und deren zeitliche Änderung ähnlich sind, wenn die PM die Bohrung oder den tangentialen Schlitzdefekt in Prüfkörper P_4 passieren. Aufgrund des größeren Defektvolumens des Schlitzdefekts ist die Amplitude des DAS $\Delta\bar{\tilde{\mathbf{u}}}|_{P_4,0°}$ größer als die des DAS $\Delta\bar{\tilde{\mathbf{u}}}|_{P_2,0°}$.

Darüber hinaus bestätigt die Auswertung der DAS für die beiden Schlitzdefekte bei unterschiedlichen Prüfkörperorientierungen das Ergebnis der Winkelstudie (nicht dargestellt). Bei konstantem Abstand des Defekts vom Mittelpunkt der Bahn der PM ändert sich die Phasenlage eines DAS in Abhängigkeit der Prüfkörperorientierung, während die Signalform gleich bleibt.

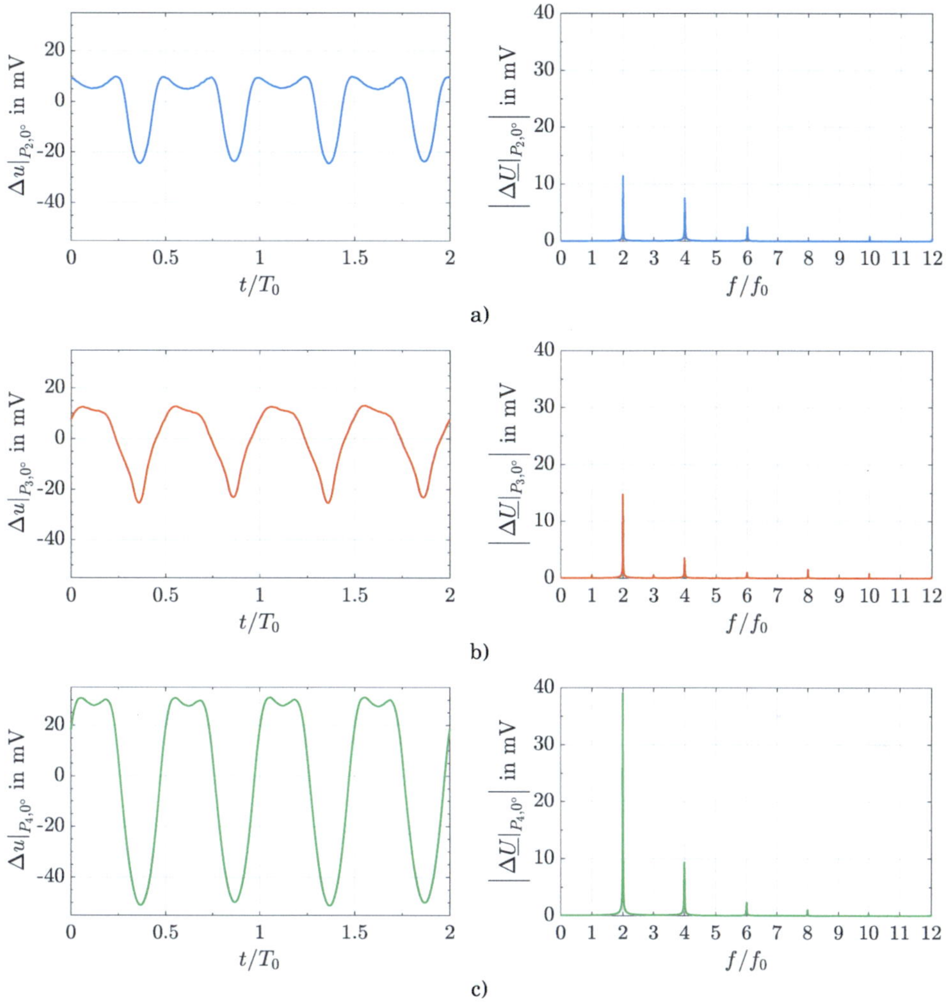

Abb. 5.12: Defekt-Antwort-Signal $\Delta\bar{\bar{\mathbf{u}}}|_{P_j,\alpha}$ (links) und zugehöriges Amplitudenspektrum $\left|\Delta\bar{\underline{\mathbf{U}}}|_{P_j,\alpha}\right|$ (rechts) für die Prüfkörper a) P_2, b) P_3 und c) P_4, dargestellt für $n_0 = 1200\,\mathrm{min}^{-1}$ und $\alpha = 0°$.

Abschließend ist festzuhalten, dass durch eine Stichprobenuntersuchung an einer bestimmten Position des Prüfkörpers ein Defekt erkannt werden kann. Allerdings beeinflusst die Lage und Orientierung eines Defekts relativ zur Bahn der Permanentmagnete den Verlauf der induzierten Wirbelströme ebenso, wie die Defektgeometrie und das -volumen. Deshalb ist anhand des Messergebnisses einer Stichprobenuntersuchung keine Aussage über die Gestalt eines Defekts möglich.

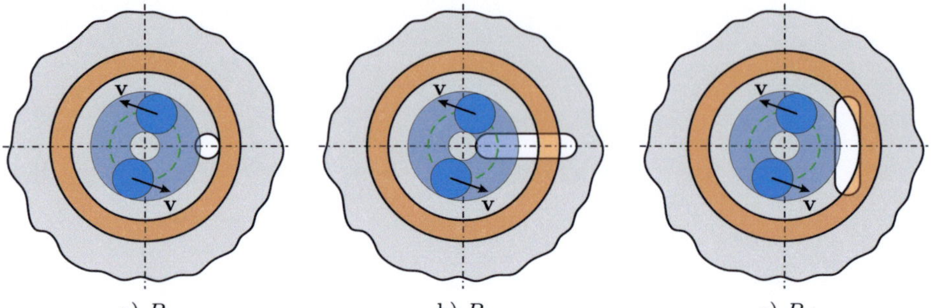

Abb. 5.13: Lage der Defekte relativ zum Sensorsystem für die Prüfkörper a) P_2 mit Bohrung, b) P_3 mit radialem und c) P_4 mit tangentialem Schlitz, wobei Ausschnitte der Prüfkörper dargestellt sind.

5.2.2 Untersuchung mehrerer Defekte im Prüfkörper

Ziel dieser Untersuchung ist es, zu verstehen wie sich mehrere Defekte in einem Prüfkörper auf das Messergebnis auswirken. Hierfür werden Messungen mit den Prüfkörpern P_1, P_2 und P_5^{ϑ} bei unterschiedlichen Drehzahlen n_0 und Prüfkörperorientierungen α durchgeführt (Tab. 5.3).

Tab. 5.3: Messplan für die Untersuchung mehrerer Defekte in einem Prüfkörper.

Parameter	Wert	Beschreibung
T_M	5 s	Messdauer einer Beobachtung
N_q	5	Anzahl Messwiederholungen
n_0	$\{1200\,\mathrm{min}^{-1} : 200\,\mathrm{min}^{-1} : 2000\,\mathrm{min}^{-1}\}$	Drehzahl der Magnetanordnung
α	$\{0° : 20° : 360°\} \cup \{0° : 45° : 360°\}$	Prüfkörperorientierung
h_M	0.5 mm	Abstand der PM zur Prüffläche
h_S	1 mm	Abstand der Spule zur Prüffläche
Prüfkörper		
P_1		Prüfkörper ohne Defekt
P_2		Prüfkörper mit Bohrung
P_5^{ϑ} mit $\vartheta \in \{40°, 60°, 80°, 90°, 180°\}$		Prüfkörper mit zwei Bohrungen

Die Prüfkörper P_5^{ϑ} enthalten zwei Durchgangsbohrungen (Durchmesser $D_D = 4\,\mathrm{mm}$), die entlang eines Kreises (Radius $R_a = 10\,\mathrm{mm}$) angeordnet sind. Der Abstand zwischen den Bohrungen ist durch den Winkel $\vartheta \in \{40°, 60°, 80°, 90°, 180°\}$ definiert (Abb. 5.14). Weil die Prüfkörperabmessungen (Durchmesser $D_P = 120\,\mathrm{mm}$, Höhe $H_P = 6\,\mathrm{mm}$), der Bohrungsdurchmesser und der Abstand der Defekte zum Mittelpunkt des Prüfkörpers mit denen von P_2 übereinstimmt, können die Messergebnisse der Prüfkörper P_5^{ϑ} mit dem von P_2 verglichen werden.

Prüfkörper mit zwei Bohrungen

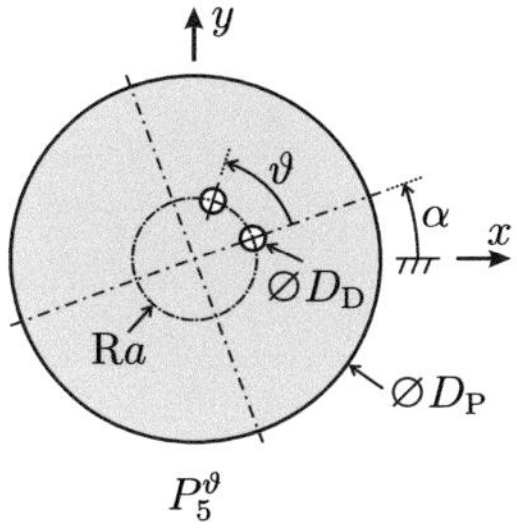

Parameter der Prüfkörper

Winkel zwischen den Bohrungen:
$\vartheta \in \{40°, 60°, 80°, 90°, 180°\}$

Radius:
$R_a = 10$ mm

Durchmesser der Bohrungen:
$D_\mathrm{D} = 4$ mm

Abb. 5.14: Prüfkörper zur Untersuchung des Einflusses mehrerer Defekte auf das Messergebnis. Die Prüfkörper mit einem Außendurchmesser von $D_\mathrm{P} = 120\,\mathrm{mm}$ und einer Höhe von $H = 6\,\mathrm{mm}$ besitzen zwei Durchgangsbohrungen (Durchmesser $D_\mathrm{D} = 4\,\mathrm{mm}$), die entlang eines Kreises mit dem Radius $R_a = 10\,\mathrm{mm}$ an unterschiedlichen Winkeln $\vartheta \in \{40°, 60°, 80°, 90°, 180°\}$ angeordnet sind. Der Winkel α definiert die Orientierung des Prüfkörpers gegenüber dem Gestell des Sensorsystems.

Exemplarisch sind in Abb. 5.15 die DAS $\Delta\bar{\bar{\mathbf{u}}}\big|_{P_j,\alpha}$ sowie deren zugehörige Amplitudenspektren $\left|\Delta\underline{\bar{\mathbf{U}}}\big|_{P_j,\alpha}\right|$ der Prüfkörper a) P_2, b) $P_5^{180°}$ und c) $P_5^{40°}$ für die Drehzahl $n_0 = 1200\,\mathrm{min}^{-1}$ und den Winkel $\alpha = 0°$ dargestellt. Dabei ist zu erkennen, dass das DAS für Prüfkörper $P_5^{180°}$ etwa doppelt so groß ist wie das DAS für Prüfkörper P_2. Gleiches gilt für die Amplituden der Harmonischen ihrer Amplitudenspektren $\left|\Delta\underline{\bar{\mathbf{U}}}\big|_{P_5^{180°},0°}\right|$ und $\left|\Delta\underline{\bar{\mathbf{U}}}\big|_{P_2,0°}\right|$.

Im Gegensatz dazu unterscheiden sich die Amplituden der Harmonischen des Amplitudenspektrums $\left|\Delta\underline{\bar{\mathbf{U}}}\big|_{P_5^{40°},0°}\right|$ von denen der Prüfkörper $P_5^{180°}$ und P_2. Dennoch ist der Signalverlauf des DAS $\Delta\bar{\bar{\mathbf{u}}}\big|_{P_5^{40°},0°}$ ähnlich zu denen in Abb. 5.15 a) und b).

Die Winkelstudie (siehe Abschnitt 5.1) zeigt, dass jeder Defekt ein charakteristisches DAS besitzt, dessen Phase von der Lage des Defekts entlang der Bahn der PM abhängt. Vergleicht man die DAS in Abb. 5.15 miteinander, liegt die Vermutung nahe, dass die DAS der Prüfkörper P_5^{ϑ} durch die Überlagerung zweier DAS einer einzelnen Bohrung, welche um die Phase ϑ zueinander verschoben sind, abgeschätzt werden können.

Da die Positionen der Bohrungen in den Prüfkörpern P_5^{ϑ} und P_2 sowie die Prüfkörperorientierung α bekannt sind, ist zu prüfen, ob das DAS $\Delta\bar{\bar{\mathbf{u}}}\big|_{P_5^{\vartheta},\alpha}$ mit

$$\Delta\bar{\bar{\mathbf{u}}}\big|_{P_5^{\vartheta},\alpha} \approx \Delta\bar{\bar{\mathbf{u}}}\big|_{P_2,\alpha} + \Delta\bar{\bar{\mathbf{u}}}^{\vartheta}\Big|_{P_2,\alpha} \tag{5.11}$$

abgeschätzt werden kann. Dabei ist $\Delta\bar{\bar{\mathbf{u}}}^{\vartheta}\big|_{P_2,\alpha}$ das charakteristische DAS der einzelnen Bohrung, welches um die Phase ϑ gegenüber dem DAS $\Delta\bar{\bar{\mathbf{u}}}\big|_{P_2,\alpha}$ verschoben ist.

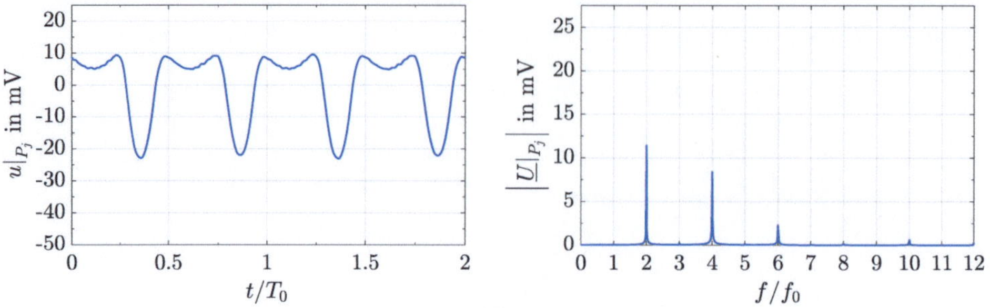

a) P_2

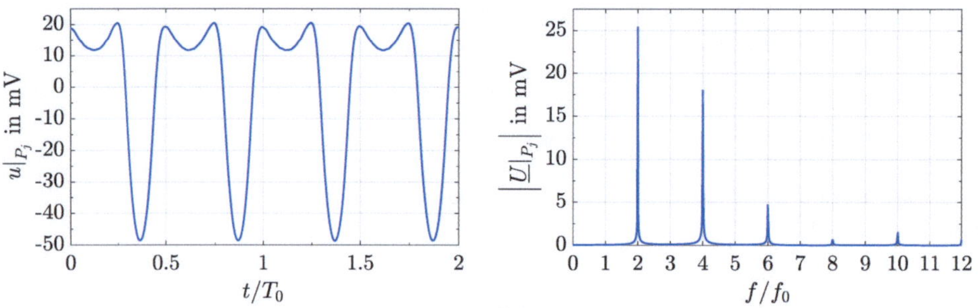

b) $P_5^{180°}$

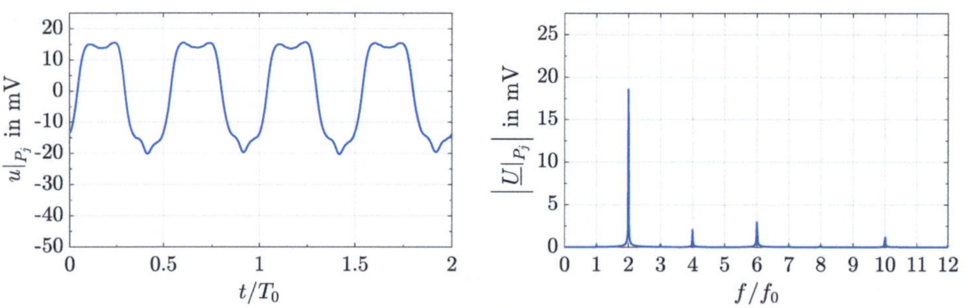

c) $P_5^{40°}$

Abb. 5.15: Defekt-Antwort-Signal $\Delta\bar{\tilde{\mathbf{u}}}|_{P_j,\alpha}$ (links) und zugehöriges Amplitudenspektrum $\left|\Delta\bar{\underline{\mathbf{U}}}|_{P_j,\alpha}\right|$ (rechts) bei einer Drehzahl von $n_0 = 1200\,\mathrm{min}^{-1}$ und der Prüfkörperorientierung $\alpha = 0°$ für die Prüfkörper a) P_2, b) $P_5^{180°}$ und c) $P_5^{40°}$.

In Abb. 5.16 (links) sind die beiden DAS $\Delta\bar{\tilde{\mathbf{u}}}|_{P_2,\alpha}$ und $\Delta\bar{\tilde{\mathbf{u}}}^{\vartheta}|_{P_2,\alpha}$ sowie die Summe aus beiden für die Winkel a) $\vartheta = 180°$ und b) $\vartheta = 40°$ dargestellt. Der direkte Vergleich des DAS $\Delta\bar{\tilde{\mathbf{u}}}|_{P_5^{\vartheta},\alpha}$ mit der Summe $\Delta\bar{\tilde{\mathbf{u}}}|_{P_2,\alpha} + \Delta\bar{\tilde{\mathbf{u}}}^{\vartheta}|_{P_2,\alpha}$ zeigt eine gute Übereinstimmung der Signalverläufe (vgl. Abb. 5.16 (rechts))[4]. Als Grund für die verbleibenden Abweichungen sind Fertigungstoleranzen (unterschiedliche Magnetisierung der PM, Lagetoleranz der Bohrung(en) im Prüfkörper, exzentrische Ausrichtung der Magnetanordnung zur Spule) zu nennen.

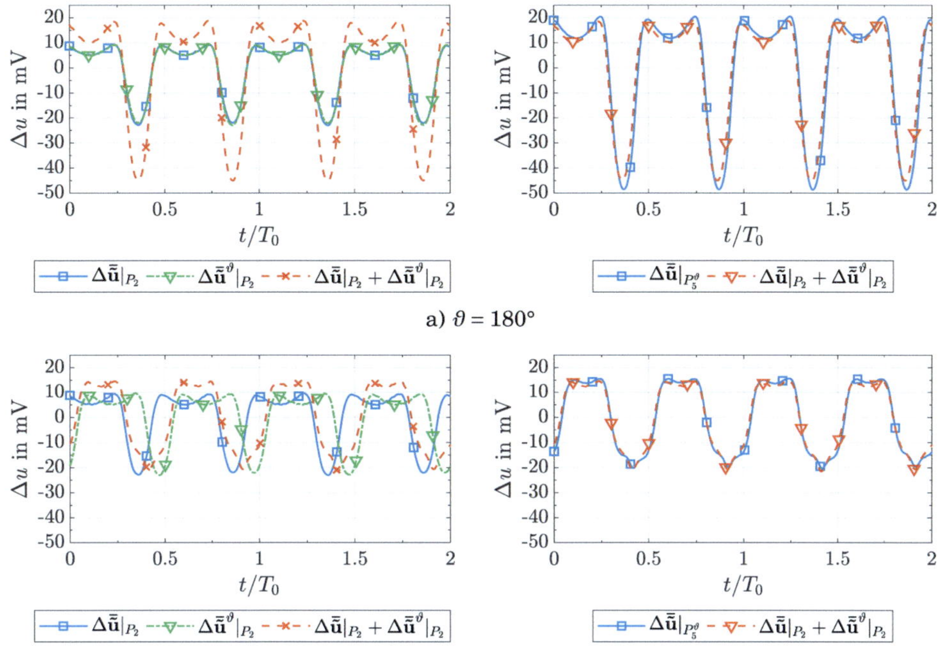

a) $\vartheta = 180°$

b) $\vartheta = 40°$

Abb. 5.16: Defekt-Antwort-Signal $\Delta\tilde{\bar{\mathbf{u}}}|_{P_2,\alpha}$, um die Phase ϑ verschobenes DAS $\Delta\tilde{\bar{\mathbf{u}}}^{\vartheta}|_{P_2,\alpha}$ des Prüfkörpers P_2 und deren Summe $\Delta\tilde{\bar{\mathbf{u}}}|_{P_2,\alpha} + \Delta\tilde{\bar{\mathbf{u}}}^{\vartheta}|_{P_2,\alpha}$ (links) sowie der Vergleich der Summe mit dem DAS $\Delta\tilde{\bar{\mathbf{u}}}|_{P_5^{\vartheta},\alpha}$ (rechts) für $\vartheta \in \{180°, 40°\}$, $n_0 = 1200\,\mathrm{min}^{-1}$ und $\alpha = 0°$.

Für die untersuchten Prüfkörper ist festzuhalten: Wenn ein Prüfkörper mehrere Defekte enthält, kann das DAS durch die Superposition der Defekt-Antwort-Signale für die Einzeldefekte abgeschätzt werden. Das Ergebnis zeigt, dass die beiden Bohrungen in Prüfkörper $P_5^{40°}$ als getrennte Einzelbohrungen identifizierbar sind. Es ist jedoch zu erwarten, dass dies erst ab einem bestimmten Mindestabstand zwischen den beiden Bohrungen möglich ist.

Im Rahmen einer Sensitivitätsanalyse könnte daher untersucht werden, wie groß der Abstand zwischen zwei Defekten sein muss, damit diese anhand des DAS als getrennte Defekte erkennbar sind. Weiterhin könnte untersucht werden, wie sich die Größe der Defekte sowie deren Lage relativ zum Sensorsystem auf das DAS auswirkt.

[4]Die Ergebnisse für die Prüfkörper $P_5^{60°}$, $P_5^{80°}$ und $P_5^{90°}$ sind in Anhang A.2 dargestellt.

5.3 Drehzahlstudie

In diesem Abschnitt wird der Einfluss der Drehzahl n_0 auf die induzierte Spannung und das DAS für verschiedene Prüfkörper und unterschiedliche Prüfkörperorientierungen untersucht. Bei den Messungen wird die Drehzahl n_0 zwischen $0\,\text{min}^{-1}$ und $2000\,\text{min}^{-1}$ in Schritten von $100\,\text{min}^{-1}$ variiert (Tab. 5.4).

Tab. 5.4: Messplan zur Untersuchung des Drehzahleinflusses.

Parameter	Wert	Beschreibung
T_M	5 s	Messdauer einer Beobachtung
N_q	5	Anzahl Messwiederholungen
n_0	$\{0\,\text{min}^{-1} : 100\,\text{min}^{-1} : 2000\,\text{min}^{-1}\}$	Drehzahl der Magnetanordnung
α	$\{0° : 20° : 360°\} \cup \{0° : 45° : 360°\}$	Prüfkörperorientierung
h_M	0.5 mm	Abstand der PM zur Prüffläche
h_S	1 mm	Abstand der Spule zur Prüffläche
Prüfkörper		
P_0		Ohne Prüfkörper *
P_1		Prüfkörper ohne Defekt
P_2		Prüfkörper mit Bohrung
P_3		Prüfkörper mit radialem Schlitz
P_4		Prüfkörper mit tangentialem Schlitz

* Winkel α für P_0 nicht definiert

Die induzierten Spannungen $\bar{\tilde{\mathbf{u}}}\big|_{P_j,n_0,\alpha}$ der Prüfkörper P_1 und P_2 sowie das DAS $\Delta\bar{\tilde{\mathbf{u}}}\big|_{P_2,n_0,\alpha}$ sind in Abb. 5.17 für die Drehzahlen $n_0 \in \{800\,\text{min}^{-1}, 1200\,\text{min}^{-1}, 1600\,\text{min}^{-1}\}$ bei der Prüfkörperorientierung $\alpha = 0°$ dargestellt. Es ist zu erkennen, dass die Amplitude der Signale mit steigender Drehzahl zunimmt. Grund für diese Zunahme ist die zeitliche Änderung des magnetischen Flusses durch die Spule, welche mit steigender Drehzahl größer wird. Dabei hängt sowohl die zeitliche Änderung des primären magnetischen Flusses, als auch die des sekundären magnetischen Flusses von der Drehzahl ab.

In Abb. 5.18 sind für die Drehzahlen $n_0 \in \{100\,\text{min}^{-1}, 200\,\text{min}^{-1}, 600\,\text{min}^{-1}, 1200\,\text{min}^{-1}\}$ jeweils das ungefilterte DAS $\Delta\bar{\mathbf{u}}|_{P_2,n_0,0°}$ und das gefilterte DAS $\Delta\bar{\tilde{\mathbf{u}}}\big|_{P_2,n_0,0°}$ dargestellt. Die Diagramme zeigen einen hohen Rauschanteil der ungefilterten DAS bei niedrigen Drehzahlen. Dennoch ist eine für die Bohrung charakteristische Signalform des DAS erkennbar. Mit größer werdender Drehzahl steigt die Amplitude der DAS und das Signal-Rausch-Verhältnis (SNR) nimmt zu. Darüber hinaus ist die charakteristische Signalform des DAS bei höheren Drehzahlen (Abb. 5.18 c) und d) besser zu identifizieren als bei niedrigen.

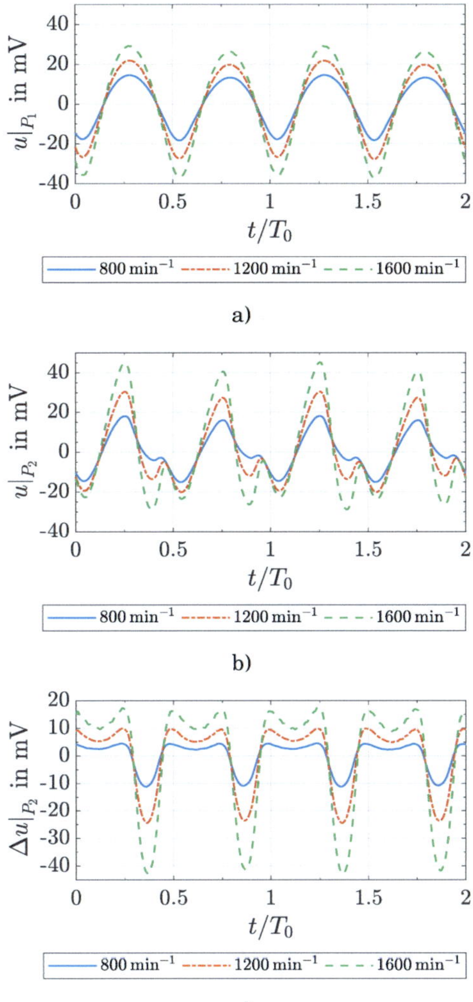

Abb. 5.17: Einfluss der Drehzahl n_0 auf die induzierte Spannung a) $\bar{\tilde{\mathbf{u}}}|_{P_1,n_0,0^\circ}$ im defektfreien Fall und b) $\bar{\tilde{\mathbf{u}}}|_{P_2,n_0,0^\circ}$ im Fall der Bohrung sowie c) das DAS $\Delta\bar{\tilde{\mathbf{u}}}|_{P_2,n_0,0^\circ}$.

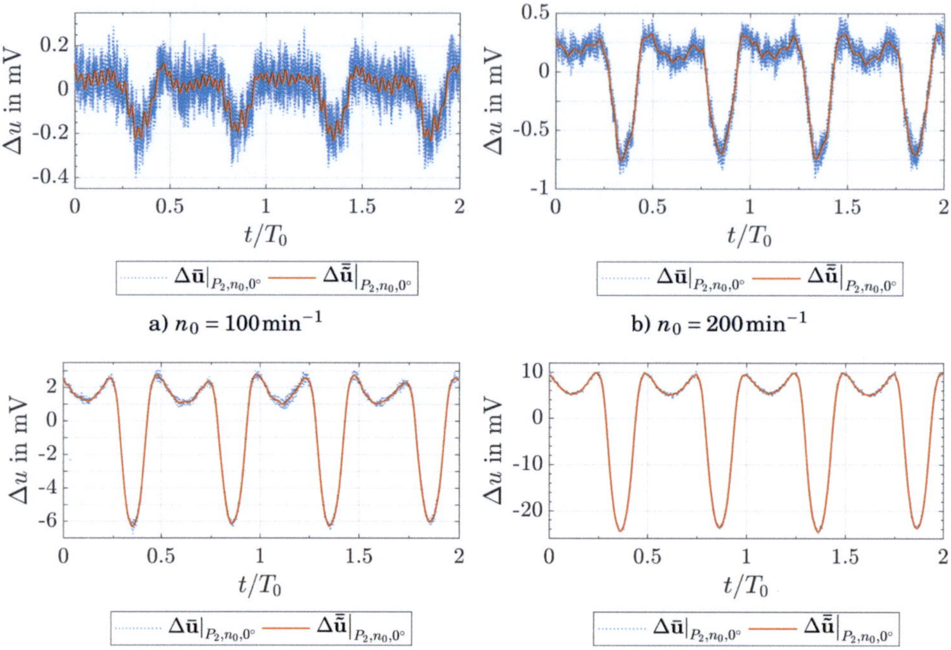

a) $n_0 = 100\,\text{min}^{-1}$ b) $n_0 = 200\,\text{min}^{-1}$

c) $n_0 = 600\,\text{min}^{-1}$ d) $n_0 = 1200\,\text{min}^{-1}$

Abb. 5.18: Vergleich zwischen dem ungefilterten DAS $\Delta\bar{\mathbf{u}}|_{P_2,n_0,0°}$ und dem gefilterten $\Delta\bar{\bar{\mathbf{u}}}|_{P_2,n_0,0°}$ für $n_0 \in \{100\,\text{min}^{-1}, 200\,\text{min}^{-1}, 600\,\text{min}^{-1}, 1200\,\text{min}^{-1}\}$.

Berechnet man die mittlere Leistung $\bar{P}_\Delta|_{P_j,n_0}$ der DAS für die Prüfkörper P_2, P_3 und P_4 nach Gleichung (5.10), nimmt diese für den untersuchten Drehzahlbereich zu (Abb. 5.19 a). Das Ergebnis zeigt außerdem, dass die Bohrung in Prüfkörper P_2 und der radiale Schlitz in Prüfkörper P_3 anhand der Signalleistung nicht voneinander zu unterscheiden sind. In beiden Fällen ist der Anstieg der mittleren Leistung mit größer werdenden Drehzahlen gleich. Im Fall des tangentialen Schlitzes ist die mittlere Leistung für den untersuchten Drehzahlbereich größer als die der zuvor genannten. Auch das SNR nimmt für alle Defekte mit steigender Drehzahl zu (Abb. 5.19 b). Das SNR eines Defekt-Antwort-Signals für den Prüfkörper P_j, die Drehzahl n_0 und den Winkel α wird mit

$$\text{SNR}_\Delta|_{P_j,n_0}[\alpha] = \frac{P_\Delta|_{P_j,n_0}[\alpha]}{P_{\bar{\mathbf{u}}}|_{P_j,n_0^*}[\alpha]} = \frac{P_\Delta|_{P_j,n_0}[\alpha]}{P_{\text{rausch}}[\alpha]} \tag{5.12}$$

berechnet. Um die Rauschleistung $P_{\text{rausch}}[\alpha]$ zu bestimmen, wird die induzierte Spannung im Stillstand ($n_0^* = 0\,\text{min}^{-1}$) gemessen und dessen Leistung $P_{\bar{\mathbf{u}}}|_{P_j,n_0^*}[\alpha]$ bestimmt.

In Abb. 5.19 b) ist das über die untersuchten Winkel α gemittelte SNR mit

$$\overline{\mathrm{SNR}}_\Delta\Big|_{P_j,n_0} = \frac{1}{N_\alpha}\sum_\alpha \mathrm{SNR}|_{P_j,n_0}[\alpha] \tag{5.13}$$

für die Prüfkörper P_2, P_3 und P_4 über der Drehzahl n_0 aufgetragen. Das Ergebnis zeigt, dass das SNR mit größer werdender Drehzahl steigt. Es ist außerdem zu erkennen, dass das SNR vom jeweiligen Defekt und dessen Orientierung gegenüber der Bahn der PM abhängt.

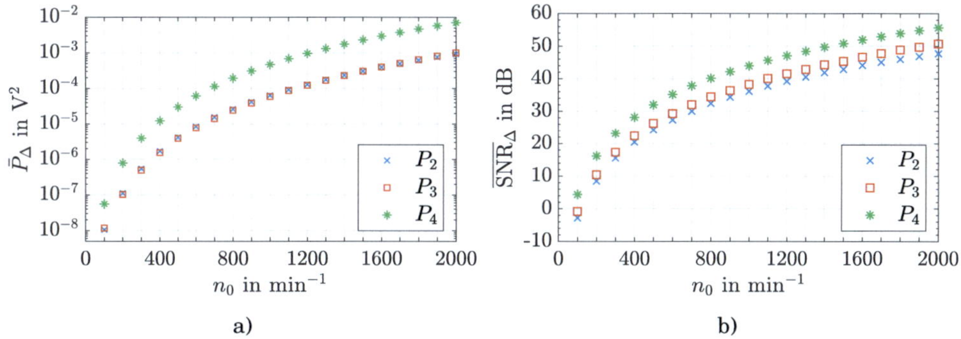

Abb. 5.19: a) mittlere Leistung $\bar{P}_\Delta|_{P_j,n_0}$ und b) mittleres Signal-Rausch-Verhältnis $\overline{\mathrm{SNR}}_\Delta\Big|_{P_j,n_0}$ in Abhängigkeit der Drehzahl für die Prüfkörper P_2, P_3 und P_4.

Als Ergebnis der Drehzahlstudie ist festzuhalten, dass Defekte bei hohen Drehzahlen besser zu detektieren sind als bei niedrigen, da mit steigender Drehzahl die Leistung und das SNR der DAS zunehmen (Abb. 5.19). Außerdem ist die charakterisitische Signalform eines DAS bei hohen Drehzahlen besser zu erkennen. Allerdings ist zu berücksichtigen, dass die induzierten Wirbelströme bei höheren Drehzahlen an die Prüfkörperoberfläche verdrängt werden (siehe Abschnitt 2.2.2.1), was die Detektion tiefliegender Defekte bei hohen Drehzahlen erschwert. Daher sollte in einer weiterführenden Untersuchung der Drehzahleinfluss auf das DAS tiefliegender Defekte untersucht werden.

5.4 Untersuchung von Prüfkörperplatten

Die vorangegangenen Untersuchungen haben gezeigt, dass die Defektgröße, die Orientierung des Defekts relativ zur Bahn der PM sowie die Defektlage entlang dieser Bahn das Messergebnis beeinflussen. Dafür wurden Messungen mit zylindrischen Aluminiumprüfkörpern durchgeführt, bei denen die radiale Position des Defekts relativ zum Sensorsystem durch den Abstand a festgelegt ist. Lediglich die azimutale Position des Defekts entlang der Bahn der PM konnte durch die Prüfkörperorientierung α variiert werden.

Um zu analysieren, wie die Position eines Defekts relativ zum Sensorsystem das Messergebnis beeinflusst, werden in diesem Abschnitt Prüfkörperplatten gescannt. Außerdem wird der Kanteneinfluss untersucht. Für die Durchführung der Experimente ist es erforderlich, das Messsystem zu erweitern.

5.4.1 Erweiterung des Messsystems

Abb. 5.20 zeigt den erweiterten Versuchsaufbau für das absolute PMIECT-System. Durch die Integration des Kreuztisches ist es möglich, die Prüfkörper in x- und y-Richtung unter dem am Gestell montierten Sensorsystem zu positionieren. Diese Realisierung weicht zwar von der eigentlichen Idee des Paradigmenwechsels, bei dem das Sensorsystem gegenüber einem fixierten Prüfkörper bewegt wird, ab, ist jedoch mit geringerem konstruktiven Aufwand zu lösen.

Der Kreuztisch besteht aus zwei Linearachsen der NLS4-Serie [95] von Newmark Systems Inc. und besitzt einen Verfahrweg von 300 mm in x und 100 mm in y-Richtung. Dabei ist die Linearachse zur Positionierung in y-Richtung, auf der Linearachse für die Positionierung in x-Richtung montiert. Die Spindelantriebe der Linearachsen ermöglichen die Positionierung der Prüfkörper mit einer Positioniergenauigkeit von etwa 0.4 µm. Für die Ansteuerung der Linearachsen des Kreuztisches wird die Bewegungssteuerung NSC-G3-E [96] von Newmark Systems Inc. verwendet. Diese ist über eine RS-232-Schnittstelle (Recommended Standard 232) mit dem Kommunikationsmodul PXI-8430 [94] des PXIe-Systems verbunden (vgl. Abb. 5.21).

Der Ursprung des Inertialkoordinatensystems ist so gewählt, dass sich beide Linearachsen in der Mitte ihres Bewegungsbereiches befinden und die Prüfkörperaufnahme zentral unter dem Sensorsystem positioniert ist. Mit dem manuellen Positioniertisch XYR1/M [157] von Thorlabs ist es möglich, Abweichungen bei der Ausrichtung des Sensorsystems gegenüber der Prüfkörperaufnahme auszugleichen (Abb. 5.20). Der Positioniertisch besitzt einen Bewegungsbereich von 13 mm in x- und y-Richtung und ermöglicht zudem die stufenlose Einstellung der Prüfkörperorientierung. Die Feinjustierung der Position der Prüfkörperaufnahme gegenüber dem Sensorsystem erfolgt visuell mit Hilfe von Zentrierspitzen, die an der Antriebswelle des Sensorsystems und der Prüfkörperhalterung angebracht werden.

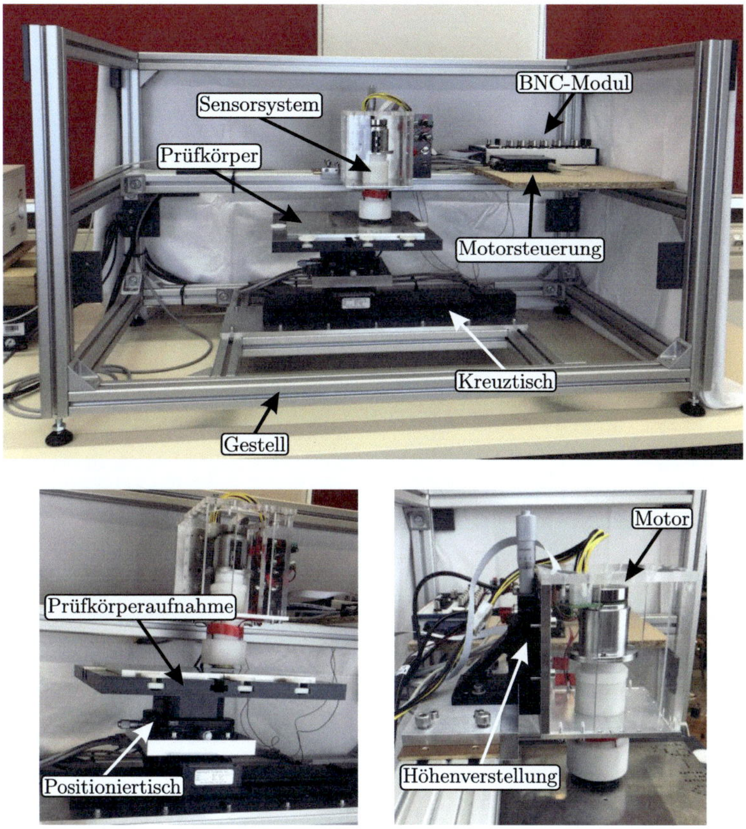

Abb. 5.20: Versuchsaufbau des erweiterten Messsystems.

Um den Sensorabstand einzustellen, wird der lineare Positioniertisch PT1/M [156] der Firma Thorlabs mit einem Bewegungsbereich von 25 mm verwendet. Neben der Höhenverstellung bietet die Aufnahme zur Befestigung des Sensorsystems am Gestell des Messaufbaus die Möglichkeit, das Sensorsystem lotrecht zur Prüfkörperaufnahme auszurichten.

Als Prüfkörper werden Aluminiumplatten mit der Kantenlänge $L_{\mathrm{P}} = 248\,\mathrm{mm}$ und der Höhe $H_{\mathrm{P}} = 6\,\mathrm{mm}$ verwendet. Der Prüfkörper P_6 enthält keinen Defekt, während P_7 eine Durchgangsbohrung (Durchmesser $D_{\mathrm{D}} = 4\,\mathrm{mm}$) in der Mitte des Prüfkörpers besitzt (Abb. 5.22).

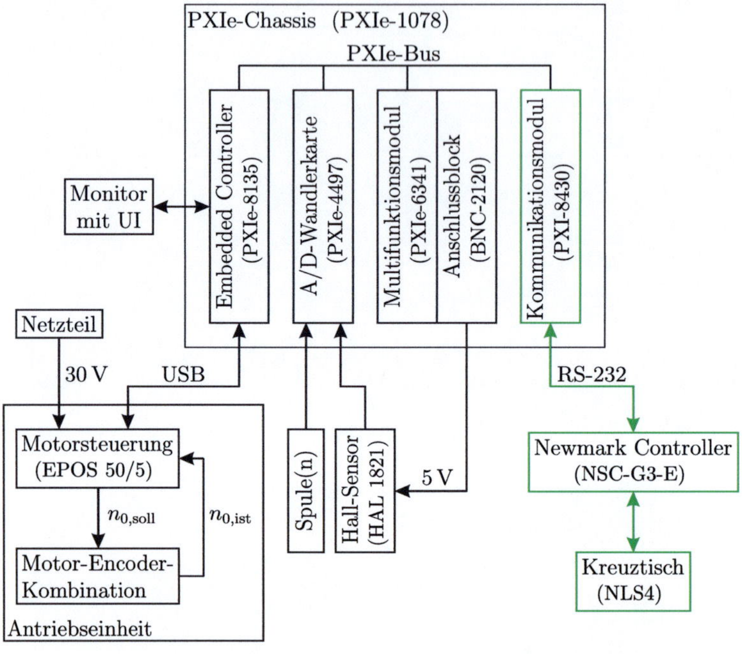

Abb. 5.21: Struktur des erweiterten Messsystems.

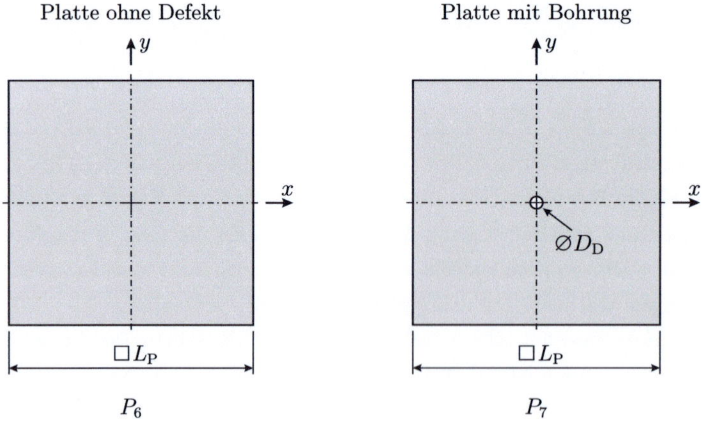

Abb. 5.22: Rechteckige Prüfkörperplatten mit einer Kantenlänge von $L_\mathrm{P} = 248\,\mathrm{mm}$ und einer Höhe von $H_\mathrm{P} = 6\,\mathrm{mm}$ ohne Defekt (P_6) bzw. zentraler Durchgangsbohrung (P_7) mit einem Durchmesser von $D_\mathrm{D} = 4\,\mathrm{mm}$.

Die Beschreibung der Experimente erfolgt so, als ob das Sensorsystem (Koordinatensystem S') gegenüber einem fixierten Prüfkörper (Koordinatensystem S) bewegt wird, obwohl die Prüfkörper bei den Versuchen relativ zum fixierten Sensorsystem positioniert werden (Abb. 5.23). Das Bezugskoordinatensystem S befindet sich in der Mitte des Prüfkörpers und die Position des Sensorsystems ist durch

$$\mathbf{r}_{S'} = x\,\mathbf{e}_x + y\,\mathbf{e}_y \tag{5.14}$$

sowie die Abstände h_M und h_S definiert (Abb. 5.23). Die Prüfkörperorientierung $\alpha = 0°$ ist bei allen Messungen gleich, und wird daher nicht angegeben.

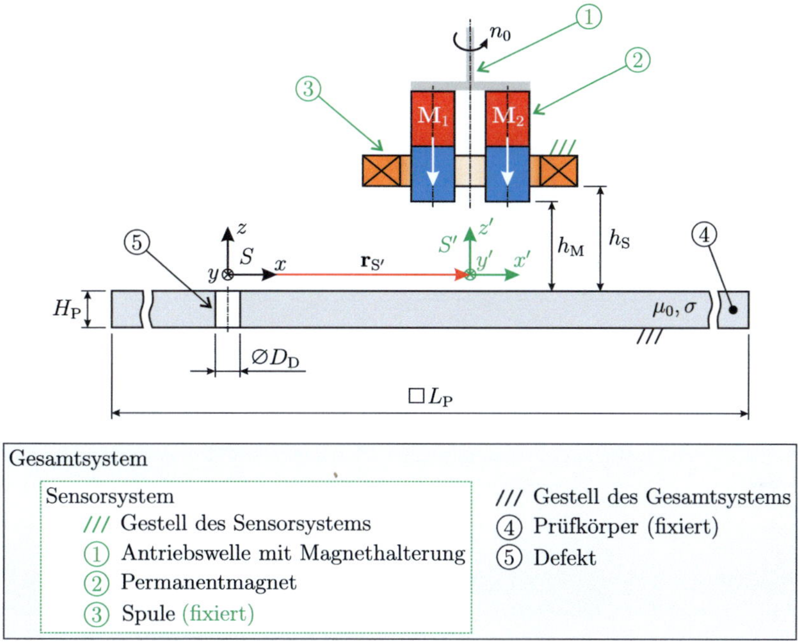

Abb. 5.23: Parameter des erweiterten experimentellen Aufbaus für das absolute PMIECT-System.

Die Scans der Prüfkörper erfolgen mit der Schrittweite Δx zwischen $x_{\min}$ und $x_{\max}$ in x-Richtung sowie der Schrittweite Δy zwischen $y_{\min}$ und $y_{\max}$ in y-Richtung. An jeder Position $[x, y]$ werden N_q Beobachtungen für jede der vorgegebenen Drehzahlen n_0 durchgeführt, bevor die nächste Position angefahren wird[5].

[5] In Anhang A.3 ist der Ablauf zur Durchführung von Messplänen mit dem erweiterten Messsystem dargestellt.

Die induzierte Spannung für den Fall der defektfreien Platte (P_6) an der Position $[x_0 = 0\,\text{mm}, y_0 = 0\,\text{mm}]$ dient für jede Drehzahl n_0 als Referenzmessung zur Bestimmung des DAS. Allgemein gilt

$$\Delta u|_{P_j,n_0}[n,x,y] = u|_{P_j,n_0}[n,x,y] - u|_{P_6,n_0}[n,x_0,y_0] \tag{5.15}$$

mit $\Delta\mathbf{u}|_{P_j,n_0}[x,y] = \left[\Delta u|_{P_j,n_0}[0,x,y],\ldots,\Delta u|_{P_j,n_0}[N_n-1,x,y]\right]$ für das DAS des Prüfkörpers P_j an der Position $[x,y]$ und für die Drehzahl n_0. Des Weiteren wird an jeder Messposition die Leistung des DAS $\Delta\mathbf{u}|_{P_j,n_0}[x,y]$ mit

$$P_\Delta|_{P_j,n_0}[x,y] = \frac{1}{N_n}\sum_{n=0}^{N_n-1}\left[\Delta u|_{P_j,n_0}[n,x,y]\right]^2 \tag{5.16}$$

berechnet.

5.4.2 Eindimensionale Scans von Platten

Ziel dieses Unterabschnitts ist es, den Einfluss der Prüfkörperkanten und der Defektposition auf das Messergebnis zu untersuchen. Hierzu werden die Prüfkörper P_6 und P_7 entlang der x-Achse in Schritten von $\Delta x = 1\,\text{mm}$ zwischen den Grenzen $x_{\min} = -150\,\text{mm}$ und $x_{\max} = 150\,\text{mm}$ abgescannt (Tab. 5.5). An jeder Position $[x,0]$ werden für die Drehzahlen $n_0 \in \{600\,\text{min}^{-1}, 1200\,\text{min}^{-1}, 1800\,\text{min}^{-1}\}$ jeweils $N_q = 5$ Beobachtungen mit einer Messdauer von $T_\text{M} = 5\,\text{s}$ durchgeführt. Außerdem ist $h_\text{M} = 1\,\text{mm}$ und $h_\text{S} = 1.5\,\text{mm}$.

Tab. 5.5: Messplan für die eindimensionalen Scans der Prüfkörperplatten P_6 und P_7.

Parameter	Wert	Beschreibung
T_M	$5\,\text{s}$	Messdauer einer Beobachtung
N_q	5	Anzahl Messwiederholungen
n_0	$\{600\,\text{min}^{-1}, 1200\,\text{min}^{-1}, 1800\,\text{min}^{-1}\}$	Drehzahl der Magnetanordnung
α	$0°$	Prüfkörperorientierung
h_M	$1\,\text{mm}$	Abstand der PM zur Prüffläche
h_S	$1.5\,\text{mm}$	Abstand der Spule zur Prüffläche
x	$\{-150\,\text{mm} : 1\,\text{mm} : 150\,\text{mm}\}$	Position des Systems in x-Richtung
y	$0\,\text{mm}$	Position des Systems in y-Richtung
Prüfkörper		
P_6		Platte ohne Defekt
P_7		Platte mit Bohrung

Abb. 5.24 a) zeigt die Leistung $P_\Delta|_{P_j,n_0}[x,0]$ der DAS $\Delta\bar{\tilde{\mathbf{u}}}|_{P_j,n_0}[x,0]$ der Prüfkörper P_6 und P_7 für die Drehzahl $n_0 = 1200\,\text{min}^{-1}$ über dem untersuchten Scanbereich. Zwischen den einzelnen Stützstellen ist der Verlauf mittels einer Spline-Interpolation beschrieben.

Zur Untersuchung des Kanteneinflusses wird zunächst die Leistung des DAS der defektfreien Prüfkörperplatte P_6 betrachtet. Befindet sich das Sensorsystem im Bereich $-50\,\text{mm} \leq x \leq 50\,\text{mm}$, ist die Leistung als konstant anzusehen. Folglich sollte das Sensorsystem etwa 74 mm von einer Prüfkörperkante entfernt sein, damit letztere das Messergebnis bei $n_0 = 1200\,\text{min}^{-1}$ nicht beeinflusst. Bei Berücksichtigung des Außendurchmessers $\left(D_{\text{S,a}} = 30.7\,\text{mm}\right)$ der Spule (Tabelle 3.1) sollte deren Außenkante ca. 59 mm von einer Prüfkörperkante entfernt sein, damit letztere den Verlauf der induzierten Wirbelströme nicht stört bzw. diese Störung sich nicht auf den magnetischen Fluss durch die Spule auswirkt.

Für $|x| > 50\,\text{mm}$ steigt die Leistung mit abnehmendem Abstand zwischen dem Sensorsystem und einer Prüfkörperkante bei beiden Prüfkörpern in gleichem Maße. Sie erreicht bei $x = \pm 115\,\text{mm}$ ein lokales Maximum, fällt anschließend auf ein lokales Minimum ($x = \pm 120\,\text{mm}$) und steigt dann wieder bis zu einem lokalen Maximum ($x = \pm 124\,\text{mm}$), wenn sich das Sensorsystem zentral über einer der Prüfkörperkanten befindet (Abb. 5.24 b). An diesen Positionen ist die Leistung des DAS geringer als die der lokalen Maxima bei $x = \pm 115\,\text{mm}$. Sobald sich das Sensorsystems nicht mehr über dem Prüfkörper befindet ($|x| > 124\,\text{mm}$), fällt die Leistung ab.

An den Rändern des untersuchten Bereichs ($|x| > 140\,\text{mm}$) haben die Prüfkörperkanten keinen Einfluss auf das Messergebnis. Allerdings ist die Leistung der DAS in diesem Bereich größer als in der Mitte ($|x| < 50\,\text{mm}$) des Prüfkörpers P_6. Dieser Unterschied ist darauf zurückzuführen, dass sich die induzierte Spannung im Fall ohne Prüfkörper ($|x| > 140\,\text{mm}$) von der im Fall eines defektfreien Prüfkörpers aufgrund der induzierten Wirbelströme unterscheidet (siehe Unterabschnitt 4.2.2).

Bedingt durch die Formtoleranzen der Prüfkörper sowie Ungenauigkeiten bei der Ausrichtung der Komponenten des Messaufbaus zueinander, variiert der Abstand zwischen Sensorsystem und Prüfkörper (Sensorabstand) in Abhängigkeit der Position des Sensorsystems. Infolgedessen variieren die Abstände h_{M} und h_{S} ebenfalls. An der linken Prüfkörperkante ($x = -124\,\text{mm}$) ist der Sensorabstand geringer als an der rechten ($x = 124\,\text{mm}$). Deshalb sind die Leistungen der lokalen Extremstellen an der linken Prüfkörperkante größer als an der rechten Kante.

Für $|x| < 30\,\text{mm}$ wird die Leistung $P_{\Delta}|_{P_7,n_0}[x,0]$ der DAS $\Delta\bar{\tilde{\mathbf{u}}}\big|_{P_7,n_0}[x,0]$ durch den Defekt beeinflusst. An den Kanten des Defekts ist der Verlauf $P_{\Delta}|_{P_7,n_0}[x,0]$ ähnlich zu dem an den Prüfkörperkanten. Jedoch ist die Leistung der lokalen Extremstellen etwa zwei Größenordnungen geringer. Wenn sich das Sensorsystem konzentrisch über dem Defekt befindet ($x = y = 0\,\text{mm}$), ist die Leistung des DAS minimal und nicht von der im defektfreien Fall ($|x| \leq 50\,\text{mm}$) zu unterscheiden.

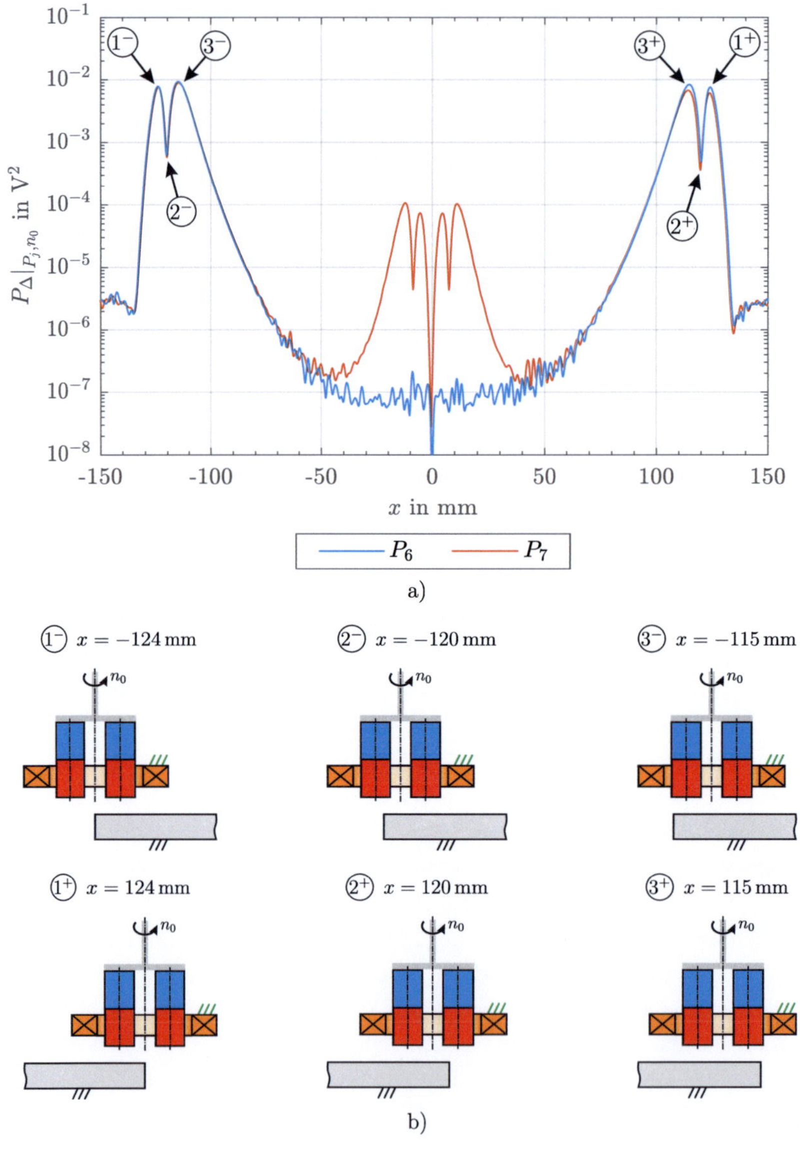

Abb. 5.24: a) Leistung des DAS für einen eindimensionalen Scan der Prüfkörper P_6 und P_7 entlang der x-Achse, dargestellt für $n_0 = 1200\,\text{min}^{-1}$ sowie b) Skizze ausgewählter Relativpositionen zwischen dem Sensorsystem und dem Prüfkörper.

Mit zunehmender Drehzahl steigt die Leistung des DAS (siehe Abschnitt 5.3) und die Empfindlichkeit gegenüber Defekten nimmt zu. Infolgedessen steigt auch der Abstand zwischen dem Sensorsystem und einem Defekt, ab welchem das Messergebnis durch den Defekt beeinflusst wird. Dies bedeutet, dass ein Defekt mit steigender Drehzahl schon aus größerem Abstand erkennbar ist (Abb. 5.25).

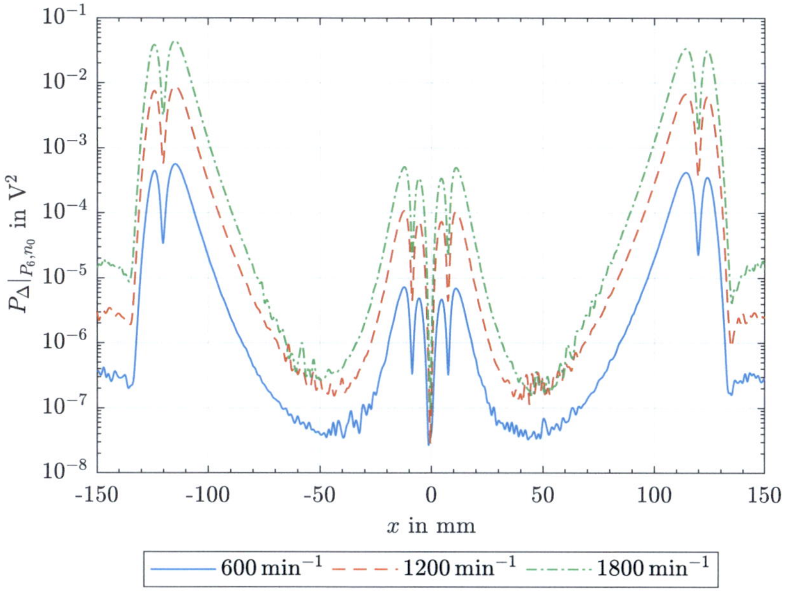

Abb. 5.25: Einfluss der Drehzahl auf die Leistung $P_\Delta|_{P_6,n_0}[x,0]$ für den Scan entlang der x-Achse.

Weil auch die Prüfkörperkante eine Leitfähigkeitsanomalie darstellt, ist zu berücksichtigen, dass der Abstand zu dieser bei hohen Drehzahlen größer sein muss als bei niedrigen, um ihren Einfluss auf das Messergebnis zu vermeiden.

Es ist anzumerken, dass eine Prüfkörperkante das Messergebnis beeinflussen kann. Allerdings zeigt die Defektstudie (Unterabschnitt 5.2.2), dass sich die DAS zweier Defekte additiv überlagern, wenn deren Abstand zueinander ausreichend groß ist. Daher könnte in einer weiterführenden Studie untersucht werden, wie groß der Abstand zwischen einem Defekt und der Prüfkörperkante mindestens sein muss, damit der Defekt erkennbar ist.

Nachfolgend wird der Einfluss der Defektposition auf die Signalform des Defekt-Antwort-Signals $\Delta\bar{\tilde{\mathbf{u}}}|_{P_7,n_0}[x,0]$ analysiert.

Abb. 5.26 zeigt den Signalverlauf des DAS $\Delta\bar{\bar{u}}\big|_{P_7,n_0}[n,x,0]$ für $-60\,\text{mm} \leq x \leq 60\,\text{mm}$ und die Drehzahl $n_0 = 1200\,\text{min}^{-1}$ (siehe auch [6]). Insbesondere anhand der Draufsicht des B_t-Bildes ist zu erkennen, dass die Signalverläufe $\Delta\bar{\bar{\mathbf{u}}}_{|P_7,n_0}[n,x,0]$ symmetrisch zu $x = 0\,\text{mm}$ sind. Zudem ist erkennbar, dass zu Zeitpunkten lokaler Minima in den Signalverläufen bei $x = \pm 6\,\text{mm}$, lokale Maxima in den Signalverläufen bei $x = \pm 12\,\text{mm}$ auftreten. Umgekehrt treten zu Zeitpunkten lokaler Maxima in den Signalverläufen bei $x = \pm 6\,\text{mm}$, lokale Minima in den Signalverläufen bei $x = \pm 12\,\text{mm}$ auf. Zur Veranschaulichung sind die DAS $\Delta\bar{\bar{u}}_{|P_7,n_0}[n,x,0]$ für $x \in \{0\,\text{mm} : -2\,\text{mm} : -14\,\text{mm}\}$ in Abb. 5.27 a) dargestellt. Zusätzlich sind die entsprechenden Positionen des Sensorsystems relativ zum Defekt in Abb. 5.27 b) skizziert. Bei verschiedenen Positionen des Defekts relativ zum Sensorsystem werden die induzierten Wirbelströme unterschiedlich beeinflusst. Dies wiederum führt zu unterschiedlichen Signalverläufen der DAS.

[6] Für $-60\,\text{mm} \leq x \leq 60\,\text{mm}$ sind die B_t-Bilder der induzierten Spannungen $\bar{\bar{u}}_{|P_6,n_0}[n,x,0]$ und $\bar{\bar{u}}_{|P_7,n_0}[n,x,0]$ sowie die B_f-Bilder der zugehörigen Amplitudenspektren und das B_f-Bild für $|\Delta\underline{U}_{|P_7,n_0}[k,x,0]|$ in Anhang A.4 enthalten.

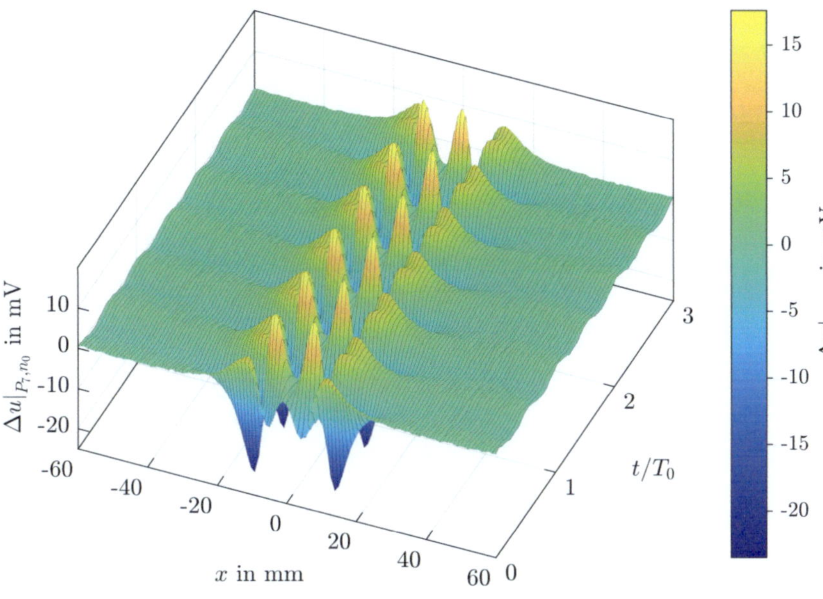

a)

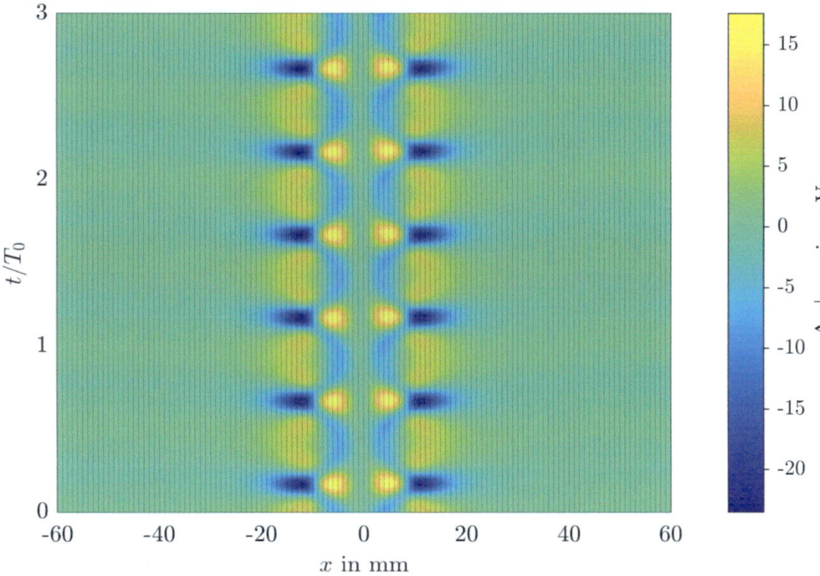

b)

Abb. 5.26: B_t-Bild des DAS $\Delta\bar{\tilde{u}}\big|_{P_7,n_0}[n,x,0]$ für $-60\,\mathrm{mm} \leq x \leq 60\,\mathrm{mm}$, dargestellt für $n_0 = 1200\,\mathrm{min}^{-1}$.

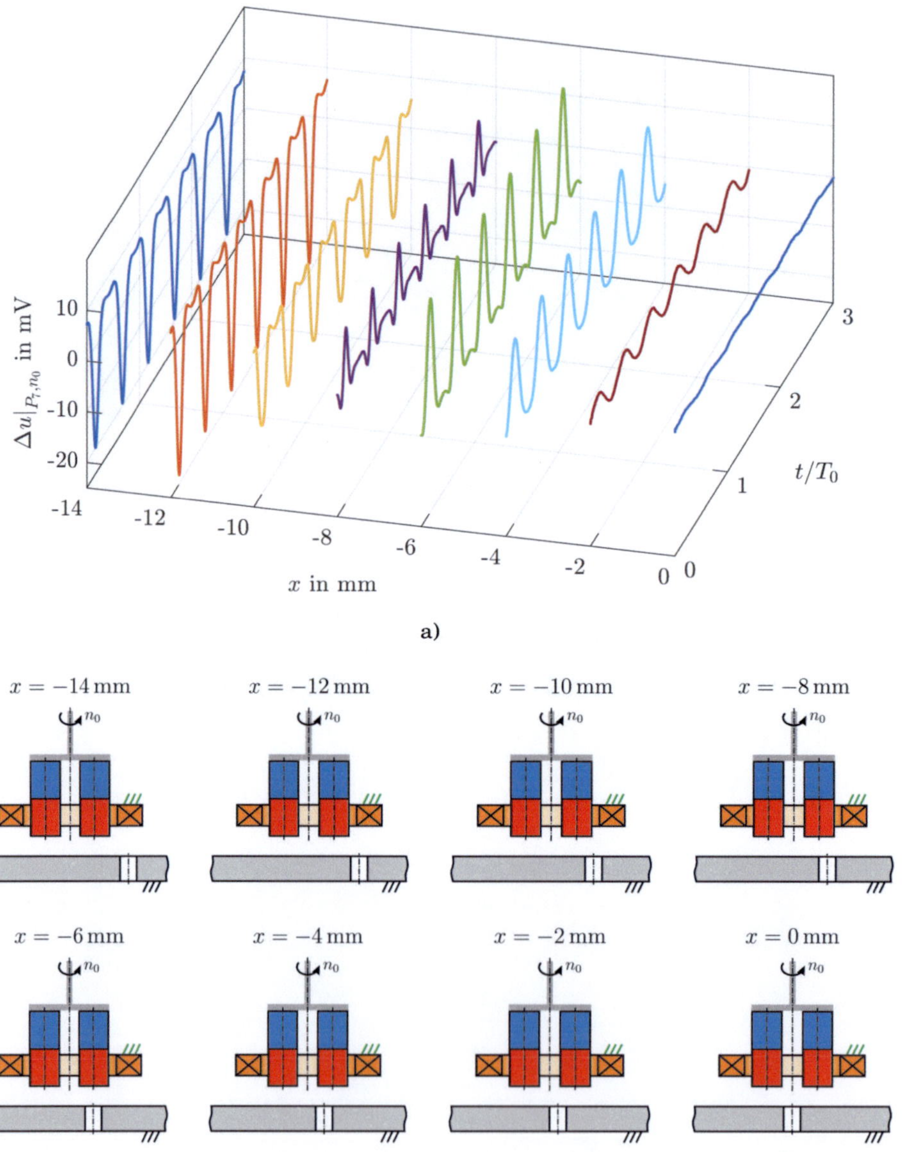

Abb. 5.27: a) Defekt-Antwort-Signal $\Delta\tilde{\bar{u}}|_{P_7,n_0}[n,x,0]$ für $x \in \{0\,\mathrm{mm} : -2\,\mathrm{mm} : -14\,\mathrm{mm}\}$, dargestellt für $n_0 = 1200\,\mathrm{min}^{-1}$ und b) Skizzen der Relativpositionen zwischen dem Sensorsystem und dem Prüfkörper.

5.4.3 Zweidimensionaler Scan einer Bohrung

Der eindimensionale Scan von Prüfkörper P_7 hat gezeigt, dass die Leistung des Defekt-Antwort-Signals davon abhängt, wo sich ein Defekt relativ zum Sensorsystem befindet. Für den Fall, dass das Sensorsystem zentral über der Bohrung positioniert ist ($x = y = 0\,\mathrm{mm}$), kann diese nicht detektiert werden. Deshalb ist es notwendig einen Prüfkörper an unterschiedlichen Positionen zu prüfen, um einen Defekt verlässlich zu erkennen.

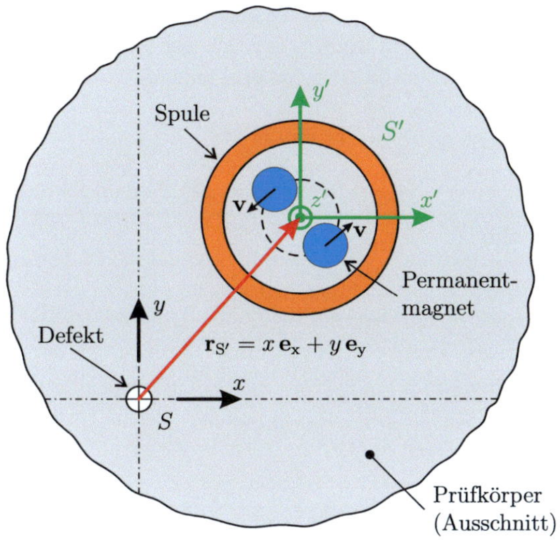

Abb. 5.28: Problembeschreibung für einen 2D-Scan eines Prüfkörpers.

Mit einem Scan der Bohrung in x- und y- Richtung soll in dieser Studie untersucht werden, an welcher Position relativ zum Sensorsystem sich ein Defekt befinden muss, damit er den größtmöglichen Einfluss auf das Messergebnis hat. Zu diesem Zweck wird der Prüfkörper P_7 für $-30\,\mathrm{mm} \leq x \leq 30\,\mathrm{mm}$ und $-30\,\mathrm{mm} \leq y \leq 30\,\mathrm{mm}$ mit den Schrittweiten $\Delta x = \Delta y = 1\,\mathrm{mm}$ punktuell gescannt (Abb. 5.28). An jeder Position werden jeweils $N_q = 5$ Beobachtungen mit einer Messdauer von $T_M = 5\,\mathrm{s}$ bei der Drehzahl $n_0 = 1200\,\mathrm{min}^{-1}$ und den Abständen $[h_\mathrm{M}, h_\mathrm{S}] = [1\,\mathrm{mm}, 1.5\,\mathrm{mm}]$ durchgeführt (Tabelle 5.6).

Tab. 5.6: Messplan für den zweidimensionalen Scan von Prüfkörper P_7.

Parameter	Wert	Beschreibung
T_{M}	5 s	Messdauer einer Beobachtung
N_{q}	5	Anzahl Messwiederholungen
n_0	$1200\,\mathrm{min}^{-1}$	Drehzahl der Magnetanordnung
α	0°	Prüfkörperorientierung
h_{M}	1 mm	Abstand der PM zur Prüffläche
h_{S}	1.5 mm	Abstand der Spule zur Prüffläche
x	{−30 mm : 1 mm : 30 mm}	Position des Sensorsystems in x-Richtung
y	{−30 mm : 1 mm : 30 mm}	Position des Sensorsystems in y-Richtung
Prüfkörper		
P_6		Platte ohne Defekt *
P_7		Platte mit Bohrung

* nur für $x = y = 0\,\mathrm{mm}$

Im C-Bild der Leistung $P_\Delta|_{P_7,n_0}[x,y]$ sind ringförmige Bereiche zu erkennen, in denen die Leistung gleich ist (Abb. 5.29). Der Mittelpunkt dieser Bereiche ist bei $x = y = 0\,\mathrm{mm}$ und somit gleich der Position der Bohrung im Prüfkörper. Die Leistung des DAS ist am höchsten, wenn das Sensorsystem etwa 12 mm vom Mittelpunkt der Bohrung entfernt ist ($|\mathbf{r}_{S'}| \approx 12\,\mathrm{mm}$).

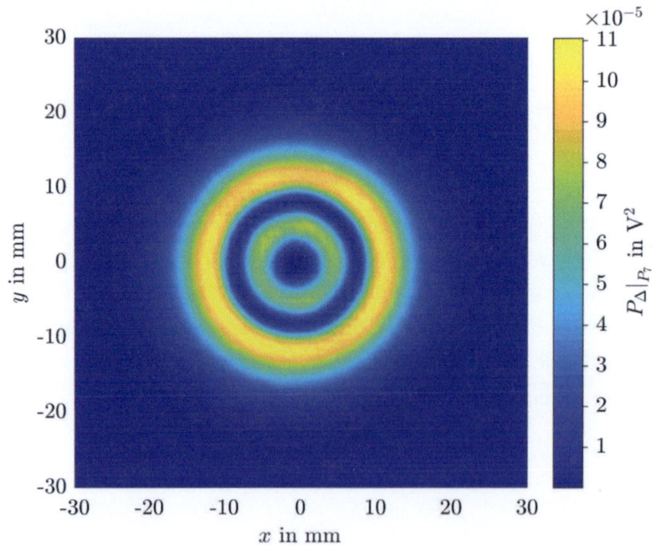

Abb. 5.29: C-Bild der Leistung $P_\Delta|_{P_7,n_0}[x,y]$ für $n_0 = 1200\,\mathrm{min}^{-1}$.

5.5 Zusammenfassung

Das Ziel dieses Kapitels war es, das absolute PMIECT-System anhand experimenteller Untersuchungen zu validieren und Handlungsempfehlungen für dessen Einsatz als handgeführtes Prüfsystem zu formulieren.

Die Winkelstudie (Abschnitt 5.1) zeigt, dass die induzierte Spannung im defektfreien Fall als systematische Abweichung infolge von Fertigungstoleranzen zu betrachten ist (siehe auch Unterabschnitt 4.2.2). Zur Korrektur des Messergebnisses wird ein Defekt-Antwort-Signal als die Differenz zwischen der induzierten Spannung im Fall mit Defekt und der induzierten Spannung im defektfreien Fall (Referenzmessung) definiert. Es kann gezeigt werden, dass

- die Phasenlage des DAS von der Prüfkörperorientierung bzw. der Position der Bohrung entlang der Bahn der PM abhängt und
- die Signalform des DAS unabhängig von der Prüfkörperorientierung ist, wenn der radiale Abstand des Defekts vom Mittelpunkt der Bahn der PM gleich bleibt.

Untersuchungen zum Einfluss verschiedener Defekte auf das Messergebnis führen darüber hinaus zu folgenden Erkenntnissen:

- Die Geometrie eines Defekts ist anhand einer Stichprobenmessung nicht identifizierbar.
- Gleiche Defektgeometrien liefern unterschiedliche DAS in Abhängigkeit ihrer Orientierung zur Bahn der Permanentmagnete (Schlitzdefekt, radial und tangential zur Bahn ausgerichtet).
- Unterschiedliche Defekte (Bohrung und Schlitzdefekt, tangential zur Bahn ausgerichtet) können ähnliche DAS liefern, wenn ihre Lage zur Bahn der Permanentmagnete vergleichbar ist (vgl. Abb. 5.13 a) und b)).
- Im Fall mehrerer Defekte in einem Prüfkörper, kann das DAS durch die Superposition der Defekt-Antwort-Signale für die Einzeldefekte abgeschätzt werden, vorausgesetzt diese sind in einem bestimmten Mindestabstand voneinander entfernt.

Weitere Experimente dienen dazu den Einfluss der Drehzahl zu untersuchen. Die Auswertung der Ergebnisse für den Drehzahlbereich zwischen $0\,\mathrm{min}^{-1}$ und $2000\,\mathrm{min}^{-1}$ ergibt, dass mit steigender Drehzahl

- die induzierte Spannung und das DAS größer werden,
- das Signal-Rausch-Verhältnis abnimmt und somit
- die Empfindlichkeit des PMIECT-Systems gegenüber den untersuchten Defekten zunimmt.

Mit dem erweiterten Messsystem ist es möglich Prüfkörper punktuell zu scannen, um sowohl den Einfluss einer Prüfkörperkante, als auch den Einfluss der Defektposition relativ zum Sensorsystem auf das Messergebnis zu untersuchen. In diesem Zusammenhang zeigen die Ergebnisse der Scans mit einer defektfreien Prüfkörperplatte und einer Platte mit zentraler Bohrung:

- Die Außenkante der Sensorspule sollte bei einer Drehzahl von $n_0 = 1200\,\text{min}^{-1}$ etwa 59 mm von der Außenkante eines Prüfkörpers entfernt sein, damit das Messergebnis nicht beeinflusst wird. Mit steigender Drehzahl vergrößert sich dieser Abstand.
- Die Signalform und Leistung des Defekt-Antwort-Signals hängt vom Abstand zwischen dem Defekt und dem Mittelpunkt der Bahn der PM ab. Befindet sich die Bohrung zentral unter dem Sensorsystem, ist das DAS Null und die Bohrung nicht erkennbar. Die Leistung des DAS ist am größten, wenn die Bohrung ca. 12 mm vom Mittelpunkt der Bahn der PM entfernt ist.

Aufgrund der gewonnen Erkenntnisse ist für den Einsatz des absoluten PMIECT-Systems als handgeführtes Prüfgerät festzuhalten, dass ein Prüfkörper an mehreren Positionen der Prüffläche geprüft werden muss, um Defekte zuverlässig zu detektieren.

Bei der Wahl einer für die Prüfung geeigneten Drehzahl, ist der Einfluss der Relativgeschwindigkeit auf die Induktion der Wirbelströme zu beachten (Abschnitt 2.2.2.1). Die Ergebnisse der Drehzahlstudie zeigen zwar, dass die Empfindlichkeit gegenüber Defekten mit steigender Drehzahl zunimmt. Da die Auswirkung der Drehzahl auf die Detektion von kleinen oder tiefliegenden Defekten nicht Gegenstand der Arbeit war, kann anhand der bekannten Erkenntnisse keine Empfehlung für die Wahl einer geeigneten Drehzahl formuliert werden.

KAPITEL 6

ZUSAMMENFASSUNG UND AUSBLICK

Das Ziel der Arbeit war es, ein Prinzip für ein portables System zur bewegungsinduzierten Wirbelstromprüfung zu entwickeln und dessen Eignung zur Erkennung von Defekten in elektrisch leitfähigen Prüfobjekten nachzuweisen. Während am Ende jedes Kapitels die jeweiligen Ergebnisse in einer kurzen Zusammenfassung festgehalten wurden, wird der Inhalt der vorliegenden Arbeit insgesamt an dieser Stelle zusammengefasst.

Die Vorstellung der zerstörungsfreien Prüfung und der in industriellen Anwendungen am häufigsten eingesetzten Verfahren erfolgt in Kapitel 2. Der Schwerpunkt des Kapitels liegt auf der Analyse bekannter Forschungen im Bereich der bewegungsinduzierten Wirbelstromprüfung.

Ausgehend von den Erkenntnissen dieser Arbeiten werden die Anforderungen an das zu entwickelnde Prinzip präzisiert und verschiedene Realisierungsmöglichkeiten für PMIECT-Systeme diskutiert. Als Ergebnis dieser Ideenfindung werden mit dem absoluten und differentiellen PMIECT-System die favorisierten Lösungsvarianten beschrieben. Bei beiden Varianten wird eine rotierende Magnetanordnung, bestehend aus zwei gegenüberliegend angeordneten Permanentmagneten, genutzt, um Wirbelströme in einem elektrisch leitfähigen Prüfkörper zu induzieren. Zur Defekterkennung wird beim absoluten PMIECT-System die induzierte Spannung in einer fixierten und konzentrisch zur Bahn der PM ausgerichteten Spule erfasst. Im Gegensatz dazu werden für das differentielle PMIECT-System mehrere fixierte Spulen verwendet. Diese sind entlang eines Kreises um die Bahn der PM angeordnet. Durch die Auswertung der Differenzspannung zweier jeweils gegenüberliegend positionierten Spulen ist es möglich einen Defekt zu erkennen. Für die experimentelle Untersuchung der Lösungsvarianten wird ein Messsystem entwickelt und aufgebaut.

Anhand der einführenden Experimente kann nachgewiesen werden, dass beide PMIECT-Systeme zur Detektion von Defekten in elektrisch leitfähigen Materialien geeignet sind. Allerdings ist jedes Messsignal mit einer Referenzmessung im defektfreien Fall zu vergleichen, um einen Defekt zu erkennen.

Aufgrund des einfacheren konstruktiven Aufbaus und der geringeren Baugröße ist das absolute PMIECT-System besser für den Einsatz als handgeführtes Prüfgerät zur Untersuchung von Bauteilen im eingebauten Zustand geeignet.

Deshalb werden weitere Experimente zur Validierung des absoluten PMIECT-Systems durchgeführt. Diese zeigen, dass es sich bei der induzierten Spannung im defektfreien Fall um eine systematische Abweichung infolge von Fertigungstoleranzen handelt. Durch die Korrektur des Messergebnisses erhält man das Defekt-Antwort-Signal, welches von

- der Drehzahl,
- der Geometrie eines Defekts,
- dessen Ausrichtung zur Bahn der PM und
- der Position eines Defekts relativ zum Sensorsystem

abhängt. Aufgrund der Positions- und Drehzahlabhängigkeit des DAS ist ein Prüfkörper immer an mehreren Positionen und mit unterschiedlichen Drehzahlen zu prüfen, um Defekte zuverlässig zu detektieren. Darüber hinaus werden im Rahmen der experimentellen Untersuchungen verschiedene Möglichkeiten zur Darstellung und Interpretation der Messergebnisse vorgestellt.

Die vorliegende Arbeit liefert experimentelle Ergebnisse auf deren Basis im Folgenden Vorschläge für zukünftige Arbeiten formuliert werden:

- Zur Verbesserung des Systemverständnisses ist in weiterführenden Untersuchungen der Einfluss der Abstände h_M und h_S sowie verschiedener Magnetkonfigurationen auf das Messergebnis zu untersuchen.
- Anhand weiterführender Forschungen mit tiefliegenden Defekten, Defekten unterschiedlicher Größe und Prüfkörpern, die mehrere Defekte enthalten, ist es möglich die Empfindlichkeit des absoluten PMIECT-Systems zu beurteilen.
- Im Sinne einer schnellen Prüfung großer Flächen sollte untersucht werden mit welcher Geschwindigkeit das Sensorsystem gegenüber dem Prüfkörper bewegt werden kann, ohne die Defektdetektion zu beeinträchtigen.
- Einsatz computergestützter Verfahren (z.B. neuronale Netze) zur automatisierten Defektdetektion.
- Überprüfung, inwiefern das absoluten PMIECT-Systems zur prozessintegrierten Qualitätssicherung von Fügeverbindungen, die mittels Rührreibschweißen hergestellt werden, geeignet ist.

- Voruntersuchungen haben gezeigt, dass die Ausführungsform und Qualität der Wälzlager für die Lagerung der Antriebswelle das Messergebnis entscheidend beeinflusst. Daher sollte untersucht werden, ob die Kombination aus einer rotierenden Magnetanordnung mit einer umgebenden Spule dazu geeignet ist den ordnungsgemäßen Zustand von Lagerungen während des Betriebs zu überwachen.

Abschließend ist festzuhalten, dass mit der absoluten und der differentiellen Variante zwei portable Systeme zur bewegungsinduzierten Wirbelstromprüfung entwickelt, aufgebaut und experimentell untersucht wurden. Die Prinzipien beider Systeme eignen sich zur Defektdetektion. Aufgrund seines einfacheren und kompakteren Aufbaus, ist das absolute PMIECT-System besser als handgeführtes Prüfgerät zur Untersuchung von Prüfkörpern im eingebauten Zustand einsetzbar.

ANHANG A

A.1 Magnetfeldsensoren im Bereich der elektromagnetischen Prüfung

Bei ET-Verfahren ist die Information über einen möglichen Defekt oder eine bestimmte Materialeigenschaft überwiegend im resultierenden Magnetfeld oder elektromagnetischen Feld enthalten. Deshalb werden in den meisten Sensorsystemen Magnetfeldsensoren für die Defektdetektion oder zur Bestimmung von Materialeigenschaften verwendet. Oftmals wird die Empfindlichkeit des jeweiligen Verfahrens durch die verwendeten Magnetfeldsensoren bestimmt.

Prinzipiell gibt es viele Möglichkeiten um Magnetfelder zu messen [76, 162]. In ZfP-Anwendungen kommen hauptsächlich Hall-Sensoren, Förstersonden, magnetoresistive (MR) Magnetfeldsensoren (AMR, GMR, TMR), Magnetometerspulen oder supraleitende Induktionspulen (SQUIDs, engl. *Superconducting Quantum Interference Devices*) zum Einsatz. Aufgrund der unterschiedlichen physikalischen Prinzipien unterscheiden sich die Magnetfeldsensoren hinsichtlich

- der detektierbaren Magnetfelder (Messbereich) (vgl. Abb. A.1)
- der Empfindlichkeit
- des Frequenzbereichs in dem äußere Magnetfelder erfassbar sind
- der gemessenen Magnetfeldgröße[1] (magnetische Flussdichte $\mathbf{B}$ bzw. Feldstärke $\mathbf{H}$, oder zeitliche Änderung des magnetischen Flusses $\frac{\mathrm{d}\Phi}{\mathrm{d}t}$)

[1]Bei Magnetfeldmessung in Luft gilt für die Magnetflussdichte und die Magnetfeldstärke der lineare Zusammenhang $\mathbf{B} = \mu_0\mathbf{H}$. Daher ist eine Unterscheidung, welche der beiden Magnetfeldgrößen gemessen wird, unerheblich.

- der Baugröße und Miniaturisierbarkeit.

Nachfolgend werden die Prinzipien der genannten Magnetfeldsensoren erläutert.

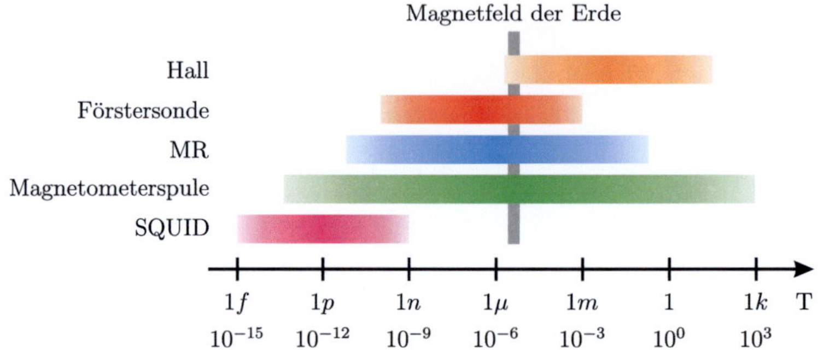

Abb. A.1: Unterschiedliche Magnetfeldsensoren aus dem Bereich der ZfP und die damit detektierbaren Magnetfelder in Anlehnung an [79, 148].

Magnetometerspulen

Die Magnetfeldmessung mittels Magnetometerspulen, im Folgenden als Spulen bezeichnet, basiert auf dem Faraday'schen Induktionsgesetz. Ändert sich der magnetische Fluss Φ durch eine Leiterschleife, wird in dieser eine Spannung induziert (vgl. Abb. A.2 a). Für die Induktionsspannung u in einer Spule mit N Windungen gilt

$$u = -N\frac{d\Phi}{dt} = -NA\frac{dB}{dt} = -\mu NA\frac{dH}{dt} = -\mu_0\mu_r NA\frac{dH}{dt}, \tag{A.1}$$

wobei A die aktive Spulenfläche senkrecht zur Symmetrieachse der Spule, H die magnetische Feldstärke bzw. B die magnetische Flussdichte durch die Spulenfläche und μ die magnetische Permeabilität als Produkt der absoluten Permeabilität $\mu_0 = 4\pi \cdot 10^{-7}\,\frac{\mathrm{Vs}}{\mathrm{Am}}$ und der relativen Permeabilität μ_r des Spulenkerns beschreiben [161]. Aus diesem Zusammenhang geht hervor, dass die induzierte Spannung von der Änderungsrate des magnetischen Feldes abhängt und die Empfindlichkeit durch eine hohe Windungszahl, eine große Spulenquerschnittsfläche und die Verwendung eines ferromagnetischen Kerns ($\mu_r \gg 1$) gesteigert werden kann. Dabei ist zu berücksichtigen, dass ein solcher Kern den magnetischen Fluss konzentriert und somit die Verteilung des zu messenden Magnetfelds beeinflusst. Eine Luftspule kann eine Empfindlichkeit von $0.3\,\mathrm{pT}/\sqrt{\mathrm{Hz}}$ bei 20 Hz aufweisen, während mittels einem weichmagnetischen Spulenkern eine Empfindlichkeit von $2.5\,\mathrm{pT}/\sqrt{\mathrm{Hz}}$ bei 1 Hz möglich ist [161].

Mit Sensorspulen kann man nur die Änderungsrate des magnetischen Flusses durch die Spulenfläche detektieren, jedoch nicht die magnetische Feldstärke selbst bestimmen[2].

[2]Es sei angemerkt, dass mit Spulen auch statische Magnetfelder gemessen werden können, indem die Spule selbst in einem homogenen Magnetfeld rotiert, durch ein inhomogenes Magnetfeld hindurch bewegt oder ihre

Üblicherweise liegt der nutzbare Frequenzbereich zwischen 1 Hz und 10 MHz [161], wobei der Frequenzgang bei höheren Frequenzen durch die Induktivität, den elektrischen Widerstand der Wicklung sowie der Kapazität zwischen den Wicklungen begrenzt wird. Im Bereich der ZfP werden oftmals Sensorspulen in sogenannten Gradiometerschaltungen (vertikal, horizontal, asymmetrisch) verwendet (vgl. Abb. A.2 b), um möglichst kleine Magnetfeldänderungen detektieren zu können. Außerdem nutzt man miniaturisierte, mittels Dünnfilmtechnik hergestellte Flächenspulen (spiral- oder meanderförmig; auch als Sensorarrays), um eine hohe Ortsauflösung zu erzielen [144, 175, 187]. Allerdings verschlechtert sich die Empfindlichkeit dieser Sensoren durch die zwangsläufige Verringerung der Spulenfläche und der Windungszahl.

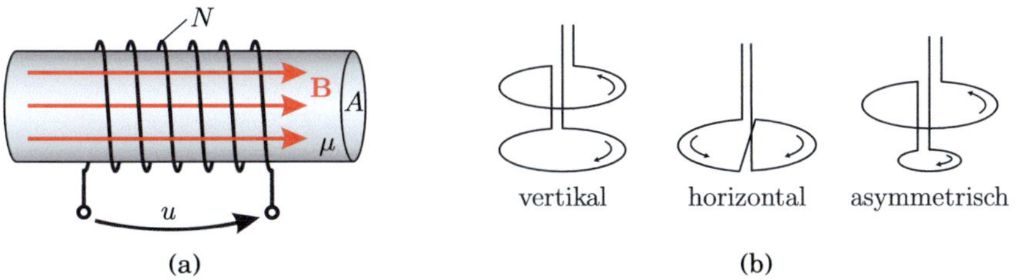

Abb. A.2: a) Prinzip einer Spule mit Kern als Magnetfeldsensor und b) Gradiometerschaltungen (in Anlehnung an [161]).

Spulen zeichnen sich vor allem durch ihre vergleichsweise einfache Herstellung und Handhabung sowie ihre hohe Empfindlichkeit und ihren großen Messbereich aus. Darüber hinaus ist der Einsatz von Sensorspulen besonders für die Messung kleiner Änderungen von Magnetfeldern mit hoher Magnetfeldstärke sinnvoll.

Förstersonde

Die Förstersonde (engl. *Fluxgate*) wurde 1937 von Friedrich Förster (1908 - 1999) erfunden und ermöglicht die Messung von statischen und niederfrequenten Magnetfeldern (bis ca. 100 kHz) in einem Bereich von 10^{-10} T bis 10^{-3} T und einer Empfindlichkeit von bis zu $10\,\mathrm{pT}/\sqrt{\mathrm{Hz}}$ [80, 122, 123, 159]. Im einfachsten Fall besteht eine Förstersonde aus einem ferromagnetischen Kern hoher Permeabilität, auf dem zwei Spulen, eine Erregerspule und eine Sensorspule, aufgebracht sind (vgl. Abb. A.3).

Die Erregerspule ist an eine Wechselstromquelle angeschlossen, sodass ein harmonisches, magnetisches Wechselfeld entsteht. Dieses magnetische Wechselfeld sättigt das weichmagnetische Material des Sensorkerns und variiert dessen Permeabilität periodisch mit der doppelten Erregerfrequenz. Die stetige Änderung des magnetischen Flusses (aufgrund des harmonischen

Permeabilität zeitlich variiert (z.B. durch Bewegung des Spulenkerns) wird. In der Wirbelstromprüfung verursachen die induzierten Wirbelströme jedoch i.d.R. zeitlich veränderliche Magnetfelder, anhand derer Defekte erkennbar sind.

Erregerfelds selbst und die Flussänderung im Kern) durch die Sensorspule induziert in ihr ein harmonisches Spannungssignal (Faraday'sches Induktionsgesetz), das nur geradzahlige Oberwellen des Erregerfelds enthält [76]. Ohne externes Magnetfeld ist das Erregerfeld symmetrisch und der Kern befindet sich, aufgrund der Symmetrie seiner Hysteresekurve, in jeder Halbwelle gleich lange in Sättigung. Ein externes Magnetfeld überlagert sich mit dem Erregerfeld und führt zu dessen Verschiebung. Folglich befindet sich der Kern in den einzelnen Halbwellen unterschiedlich lange in Sättigung, je nachdem, wie das externe Magnetfeld gegenüber dem Erregerfeld gerichtet ist. Diese asymmetrische Aussteuerung wirkt sich auf die induzierte Spannung in der Sensorspule aus. Die Amplitude der zweiten Harmonischen des Spannungssignals ist proportional zum externen Magnetfeld [113].

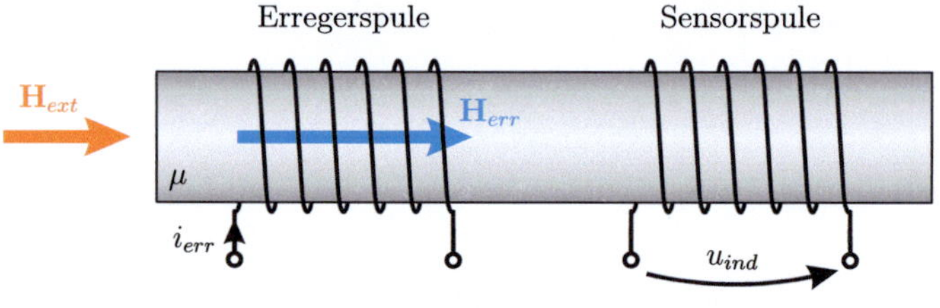

Abb. A.3: Prinzip einer Förstersonde.

Mit sogenannten Doppelkernanordnungen ist es möglich, den direkten Einfluss des Erregerfelds auf die induzierte Spannung in der Sensorspule zu unterdrücken. Bei einer solchen Anordnung sind zwei Erregerspulen gegensinnig um die beiden Kerne gewickelt, sodass ihre Magnetfelder entgegengerichtet sind. Eine Sensorspule umschließt die beiden Kerne mit den Erregerspulen. Ohne äußeres Magnetfeld ist die induzierte Spannung in der Sensorspule Null, da sich die beiden Magnetfelder der Erregerspulen aufheben. Nur wenn ein externes Magnetfeld vorhanden ist, ist eine Spannung messbar. Im Laufe der Jahre wurden verschiedene Anordnungen von Erreger- und Sensorspulen mit unterschiedlichen Kernformen entwickelt, mit denen es möglich ist die zum äußeren Magnetfeld proportionale Spannung der Sensorspule direkt zu messen. Auch weitere Anordnungen, wie beispielsweise die Ringkernanordnung, sind für eine magnetische Filterung der zweiten Harmonischen geeignet. [47, 76, 110, 163]

Klassische Förstersonden sind vergleichsweise teuer und groß. Um diesen Nachteil gegenüber halbleiterbasierten Magnetfeldsensoren zu überwinden, werden heute auch sogenannte Mikro-Fluxgate-Sensoren mittels Mikrofertigungstechnologien hergestellt [159]. Jedoch sinkt die Empfindlichkeit dieser Sensoren aufgrund der Verkleinerung des Kerns.

Hall-Sensor

Hall-Sensoren sind die am häufigsten eingesetzten Magnetfeldsensoren. Neben der Messung von Magnetfeldern werden sie oftmals als magnetische Schalter oder zur Messung von Position und Winkel sowie zur Bestimmung von Geschwindigkeiten und Drehzahlen eingesetzt. Häufig kommen sie auch als Stromsensoren zum Einsatz. Hall-Sensoren eignen sich zur Messung von statischen Magnetfeldern und magnetischen Wechselfeldern mit Frequenzen bis zu 1 MHz. Dabei können sie Magnetfelder ab einer Flussdichte von 1 µT bis in den zweistelligen Teslabereich mit einer Empfindlichkeit von bis zu $100\,\mathrm{nT}/\sqrt{\mathrm{Hz}}$ bei 1 Hz erfassen. [55, 76, 109, 124, 159]

Hall-Sensoren basieren auf dem von Edwin H. Hall (1855-1938) im Jahr 1879 entdeckten Hall-Effekt. Bringt man einen dünnen, von einen Strom I durchflossenen Leiter (Hall-Element) in ein homogenes Magnetfeld (vgl. Abb. A.4), so werden die Ladungsträger aufgrund der Lorentzkraft orthogonal sowohl zur Strom- als auch zur Richtung des magnetischen Flusses $\mathbf{B}$ abgelenkt. Aufgrund dieser Ladungsverschiebung entsteht an den Kanten des Leiters, die sich senkrecht zur Strom- und Magnetfeldrichtung befinden, die Hall-Spannung U_H. Sie ist proportional zum Vektorprodukt aus Stromstärke und magnetischer Flussdichte. Bei konstanter und bekannter Stromstärke I kann man die magnetische Flussdichte eines äußeren Magnetfelds bestimmen.

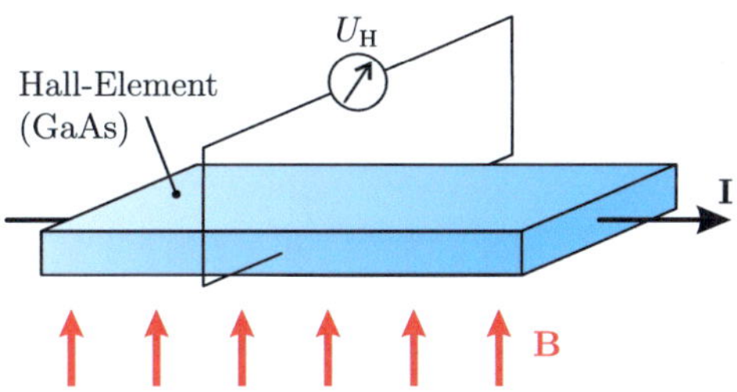

Abb. A.4: Prinzip eines Hall-Sensors.

Die Hall-Spannung hängt zudem von der Ladungsträgerbeweglichkeit ab, und ist daher bei Halbleitermaterialien deutlich stärker ausgeprägt als bei Metallen. Aus diesem Grund werden Hall-Sensoren mit Hall-Elementen aus Halbleitermaterialien wie Silizium (Si), Indiumantimonid (InSb) oder Galliumarsenid (GaAs) hergestellt. [124, 158]

Hall-Sensoren zeichnen sich durch ihren einfachen Aufbau und ihre geringe Größe (Hall-Elemente haben Abmessungen im Mikrometerbereich) aus. Allerdings besitzen sie, in Abhängigkeit des verwendeten Halbleiterwerkstoffs, einen Offset, sind temperaturempfindlich und weisen ein vergleichsweise hohes Rauschen und eine geringe Sensitivität auf. Meist werden sie in Kombination mit ICs (*integrated circuits*) verwendet, die eine Offsetkorrektur sowie eine Temperaturkompensation enthalten. Außerdem ist es mit diesen Schaltkreisen möglich die

Hall-Spannung zu verstärken. Darüber hinaus sind Hall-Sensoren bekannt, deren Messbereich sich über einen IC einstellen lässt [150]. [158]

Zur Erhöhung der Empfindlichkeit von Hall-Sensoren werden weichmagnetische Materialien eingesetzt, die den magnetischen Fluss durch die Sensorfläche konzentrieren [124]. Allerdings beeinflussen diese Flusskonzentratoren die Feldverteilung des zu messenden Magnetfelds.

Magnetoresistive Sensoren

Bei magnetoresistiven Magnetfeldsensoren [46, 62, 65, 76] wird der magnetoresistive (MR) Effekt zur Messung von Magnetfeldern genutzt. Er beschreibt die Änderung des elektrischen Widerstands ΔR eines Systems (einzelne ferromagnetische Schicht oder spezielle Anordnung verschiedener Schichten) durch ein äußeres Magnetfeld **H**. Heute werden hauptsächlich der anisotrope Magnetowiderstand (AMR, engl. *Anisotropic Magnetoresistance*), der Riesenmagnetowiderstand (GMR, engl. *Giant Magnetoresistance*) und der Tunnelmagnetowiderstand (TMR, engl. *Tunneling Magnetoresistance*) in Magnetfeldsensoren genutzt. Neben den drei genannten Effekten sind der kolossale Magnetowiderstand (CMR, engl. *Colossal Magnetoresistance*) und die Riesenmagnetoimpedanz bzw. der Riesenwechselstromwiderstand (GMI, engl. *Giant Magnetoimpedance*) bekannt. Die MR-Effekte unterscheiden sich in ihren zugrundeliegenden physikalischen Wirkmechanismen, ihrem Aufbau (vgl. Abb. A.5) sowie in der möglichen relativen Widerstandsänderung $\Delta R/R$. MR-Sensoren zeichnen sich vor allem durch ihre hohe Empfindlichkeit bei Raumtemperatur, ihre kostengünstige Herstellung, ihre vergleichsweise geringe Leistungsaufnahme sowie ihre Robustheit gegenüber äußeren Störeinflüssen aus. Sie ermöglichen die Erfassung von Magnetfeldern zwischen ca. 10 pT und 200 mT mit Frequenzen bis in den Megahertz-Bereich. Üblicherweise werden die Sensoren in Wheatstone-Brücken verwendet, um den Temperatureinfluss zu kompensieren und die Empfindlichkeit zu steigern.

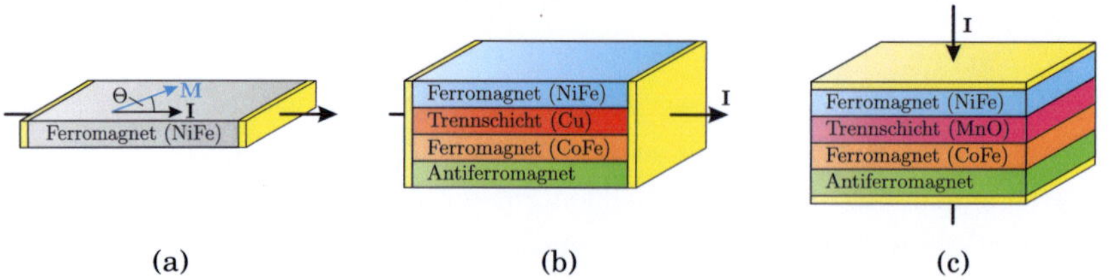

Abb. A.5: a) Schichtstruktur eines AMR-, b) eines GMR- und c) eines TMR-Magnetfeldsensors.

AMR-Sensoren

AMR-Sensoren basieren auf dem anisotropen MR-Effekt (1857 entdeckt durch William Thomson, später Lord Kelvin), bei dem ein äußeres Magnetfeld **H** eine Änderung des elektrischen Widerstands in einer dünnen, ferromagnetischen Metallschicht (ca. 20 nm) verursacht. Legierungen wie Permalloy ($Ni_{81}Fe_{19}$, auch Mu-Metall genannt) weisen einen anisotropen (richtungsabhängigen) Widerstand auf, der vom Winkel zwischen der Magnetisierungs- und Stromrichtung in der Metallschicht abhängt (vgl. Abb. A.5 a)). In einem äußeren Magnetfeld dreht sich die Magnetisierung, abhängig von der Magnetfeldstärke, in Richtung des äußeren Magnetfelds. Die Winkelabhängigkeit des Widerstands ist periodisch mit 180°. Der elektrische Widerstand ist maximal, wenn die Magnetisierung der Schicht parallel zur Stromrichtung ist (gleich- oder entgegen gerichtet) und minimal, wenn beide senkrecht zueinander sind. Aus diesem Grund eignen sich AMR-Magnetfeldsensoren besonders zur Winkel- und Drehzahlmessung anhand magnetischer Gleich- und Wechselfelder mit Frequenzen bis in den Gigahertz-Bereich. [124,162]

Heute werden AMR-Sensoren ausschließlich in sogenannten Barber-Pol-Strukturen hergestellt, um die Kennlinie im Bereich kleiner, äußerer Magnetfelder zu linearisieren und die Empfindlichkeit (Auflösung von 0.1 nT möglich) gegenüber kleinen Magnetfeldern zu erhöhen [76]. Verglichen mit anderen MR-Effekten ist die relative Widerstandsänderung von $2\% - 5\%$ des AMR-Effekts am geringsten [135].

GMR-Sensoren

1988 entdeckten Peter Grünberg und Albert Fert unabhängig voneinander den GMR-Effekt [4,7], wofür sie 2007 mit dem Nobelpreis für Physik ausgezeichnet wurden. Der GMR-Effekt basiert auf der spinabhängigen Streuung von Elektronen in einem Stapel aus wenigen Nanometer dicken ferromagnetischen und metallischen Schichten. Dabei sind zwei ferromagnetische Schichten (z.B. Fe oder Co) durch eine nicht-ferromagnetische, metallische Schicht (z.B. Cu oder Cr) getrennt. Der elektrische Widerstand eines solchen Schichtsystems ist vom Winkel zwischen den Magnetisierungsrichtungen der beiden ferromagnetischen Schichten abhängig. Bei paralleler Magnetisierung ist der Widerstand minimal und bei entgegengesetzter Magnetisierung maximal. Auch beim GMR-Effekt ist die Winkelabhängigkeit periodisch, allerdings mit 360° und nicht mit 180° wie beim AMR-Effekt. Schon kleine äußere Magnetfelder können den Winkel zwischen den Magnetisierungsrichtungen der ferromagnetischen Schichten und dadurch auch den elektrischen Widerstand ändern. Um die relative Widerstandsänderung zu erhöhen, werden GMR-Sensoren in Mehrschichtsystemen (viele Schichten, bei denen jeweils zwei ferromagnetische durch eine nicht-ferromagnetische, metallische Schicht getrennt sind) oder nach dem Spin-Valve-Prinzip hergestellt [62,162]. Die Funktionsweise eines Spin-Valve-GMR-Sensors basiert darauf, dass eine der beiden ferromagnetischen Schichten weichmagnetisch und die andere hartmagnetisch ist. Dadurch kann die Magnetisierung der magnetisch weichen Schicht (*free layer*, z.B. NiFe) einfacher in Richtung eines äußeren Magnetfelds gedreht werden als die der magnetisch härteren Schicht (*pinned layer*, z.B. CoFe). Folglich ist sowohl die Winkeländerung als auch die damit verbundene Widerstandsänderung größer als bei ferromagnetischen Schichten mit gleicher Koerzitivfeldstärke. Um diesen Effekt weiter zu verstärken, wird üblicherweise eine vierte, anti-ferromagnetische Schicht (z.B. FeMn oder PtMn) verwendet, welche die Drehung der Magnetisierung in der angrenzenden hartmagnetischen Schicht in Richtung des äußeren Magnetfelds verhindert bzw. erschwert (vgl. Abb. A.5 b)). Für GMR-Sensoren sind relative Widerstandsänderungen zwischen 6% und 20% üblich [135]. Basierend auf dem Spin-Valve-Prinzip wurden jedoch auch schon 65% bei Raumtemperatur erreicht [135].

Es ist anzumerken, dass zur Linearisierung der Ausgangskennlinie eines GMR-Sensors ein konstantes Magnetfeld erforderlich ist (sowohl bei Mehrschichtsystemen als auch beim Spin-Valve-Prinzip) [5, 147]. Durch diese „Vorspannung" des Sensors sind Magnetfelder mit einer Auflösung von etwa 10 nT messbar [76]. Zudem weisen GMR-Sensoren eine Hysterese auf. [162]

TMR-Sensoren

Der Tunnelmagnetoresistive (TMR) Effekt tritt, wie auch der GMR-Effekt, an Schichtsystemen auf. Allerdings sind beim TMR-Effekt zwei ferromagnetische Schichten von einer wenigen Nanometern dünnen, elektrisch isolierenden Schicht (Al_2O_3, MgO) getrennt (vgl. Abb. A.5 c). Er ist ein rein quantenmechanisches Phänomen, das an magnetischen Tunnelkontakten auftritt und von dem Winkel zwischen den Magnetisierungsrichtungen der beiden ferromagnetischen Schichten abhängt, welcher durch ein äußeres Magnetfeld beeinflussbar ist. Bei gleicher Ausrichtung der Magnetisierungen ist die Wahrscheinlichkeit, dass Elektronen durch die isolierende Schicht hindurch „tunneln", größer als bei gegensätzlicher Magnetisierung (abhängig vom Spin der Elektronen). Ein äußeres Magnetfeld ändert den Winkel der beiden Magnetisierungsrichtungen zueinander und folglich auch den elektrischen Widerstand des Schichtstapels. Diese Widerstandsänderung ist somit ein Maß für die Magnetfeldstärke (Magnetfeldkomponente, in der Ebene der magnetisch weichen Schicht). [136, 162]

Üblicherweise liegen die relativen Widerstandsänderungen bei TMR-Sensoren zwischen 70% und 300%, allerdings konnten auf Basis von MgO-Isolationsschichten auch schon Widerstandsänderungen von 600% bei Raumtemperatur erreicht werden [135]. Mit Empfindlichkeiten von rund $49\,\mathrm{pT}/\sqrt{\mathrm{Hz}}$ bei 10 Hz [13] und $60\,\mathrm{pT}/\sqrt{\mathrm{Hz}}$ bei 1 Hz [24] eignen sich TMR-Sensoren auch für den Einsatz in der Biomedizintechnik[3] [136, 148].

Supraleitende Induktionsspulen

SQUIDs [40, 41, 79, 162] sind die empfindlichsten Sensoren zur Messung magnetischer Felder im Bereich weniger fT. Mit diesen Magnetfeldsensoren ist es möglich die Änderung von Magnetfeldern zu erfassen. Die Frequenz der Magnetfelder kann dabei im unteren MHz-Bereich sein. SQUIDs bestehen aus einem supraleitenden Ring, der von einem (RF-SQUID) oder zwei (DC-SQUID) Josephson-Kontakten unterbrochen ist. Die Funktionsweise basiert auf dem Josephson-Effekt und der Flussquantisierung. In Abhängigkeit des magnetischen Flusses durch

[3] Im Rahmen bildgebender Verfahren in der biomedizinischen Technik ist es erforderlich, niederfrequente Magnetfelder ($< 10\,\mathrm{Hz}$) mit Magnetfeldstärken im Sub-pT-Bereich zu erfassen [13].

den supraleitenden Ring fließt in diesem ein Strom, der den magnetischen Fluss (durch den Ring selbst) auf ein ganzzahliges Vielfaches des magnetischen Flussquantums $\Phi_0 = 2.068 \times 10^{-15}$ Wb erhöht oder verringert. Die höchste Empfindlichkeit ist mit DC-SQUIDs erreichbar. Bei einem DC-SQUID wird ein Gleichstrom durch den supraleitenden Ring geleitet (vgl. Abb. A.6). In Abhängigkeit dieses Stroms sowie des aufgrund eines äußeren Magnetfelds induzierten Stroms im Ring selbst, fällt eine Spannung über den beiden Ringhälften ab. Ändert sich der magnetische Fluss des äußeren Magnetfelds durch die Spule, so ändert sich die Spannung periodisch. Die Periode der Fluss-Spannungs-Kennlinie entspricht dem Flussquantum. Anstatt eines Gleichstroms wird bei einem RF-SQUID ein Wechselstrom induktiv über eine Spule in den Ring eingekoppelt.

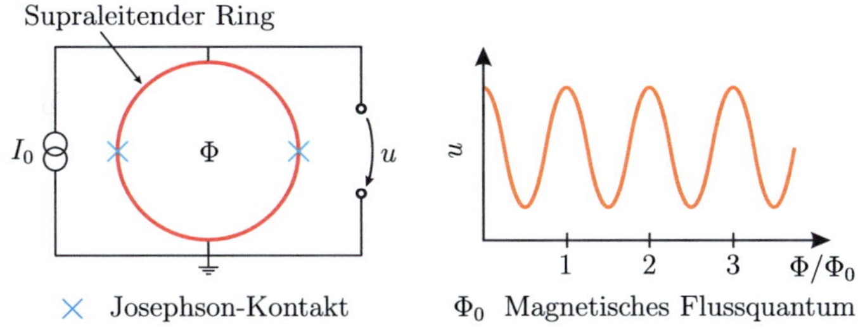

Abb. A.6: Prinzip eines DC-SQUIDs.

Im Fall von Tieftemperatur-SQUIDs (Low-T_c-SQUIDs) besteht der supraleitende Ring aus Metallen (z.B. NbTi) der mittels flüssigem Helium auf eine Arbeitstemperatur von 4,2 K gekühlt wird. Bei Hochtemperatur-SQUIDs (High-T_c-SQUIDs) ist der Ring dagegen aus Keramikwerkstoffen (z.B. YBCO, Yttrium-Barium-Kupferoxid) hergestellt. Dieser wird mittels Flüssigstickstoff auf eine Arbeitstemperatur von 77 K gekühlt.

Ein wesentlicher Nachteil von SQUIDs sind der für ihren Betrieb erforderliche kryotechnische Aufwand, wodurch die Messsysteme sperrig und teuer werden. Zudem ist wegen der hohen Magnetfeldempfindlichkeit ($1\,\mathrm{fT}/\sqrt{\mathrm{Hz}}$ bei Low-T_c-SQUIDs und $2\,\mathrm{fT}/\sqrt{\mathrm{Hz}}$ bei High-T_c-SQUIDs) meist eine Abschirmung der Messumgebung erforderlich. Darüber hinaus werden auch Gradiometerschaltungen zur Kompensation von Störeinflüssen verwendet.

A.2 Ergänzung zur Defektstudie

Untersuchung unterschiedlicher Defekteometrien

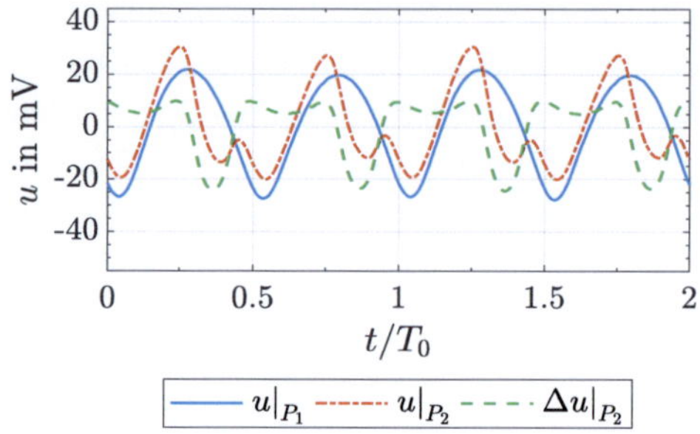

a)

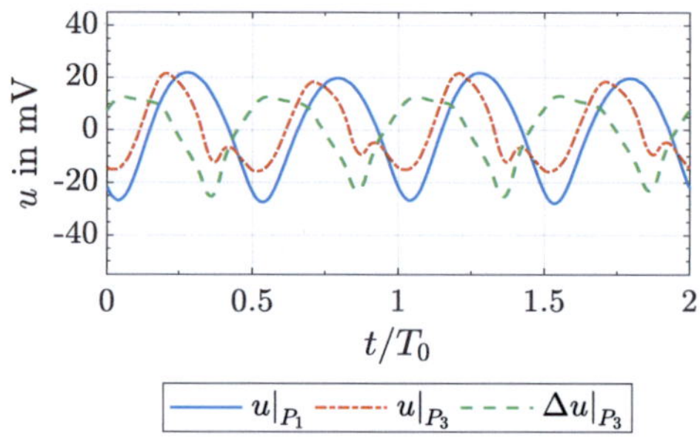

b)

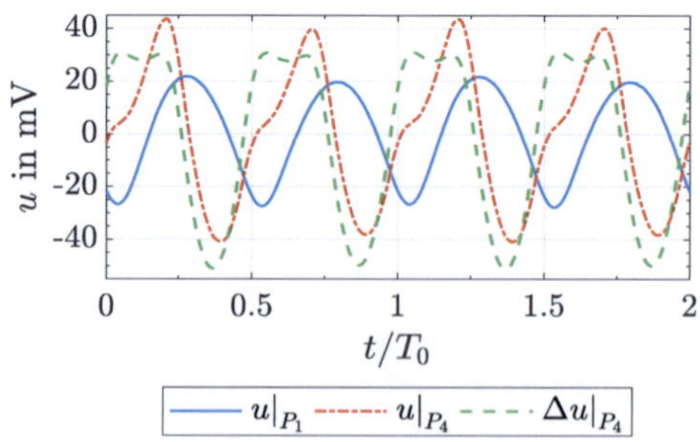

c)

Abb. A.7: Vergleich der induzierten Spannung $\bar{\tilde{\mathbf{u}}}_{P_1,\alpha}$, $\bar{\tilde{\mathbf{u}}}_{P_j,\alpha}$ und $\Delta\bar{\tilde{\mathbf{u}}}_{P_j,\alpha}$ für a) P_2, b) P_3 und c) P_4, dargestellt für $n_0 = 1200\,\text{min}^{-1}$ und $\alpha = 0°$.

Untersuchung mehrerer Defekte im Prüfkörper

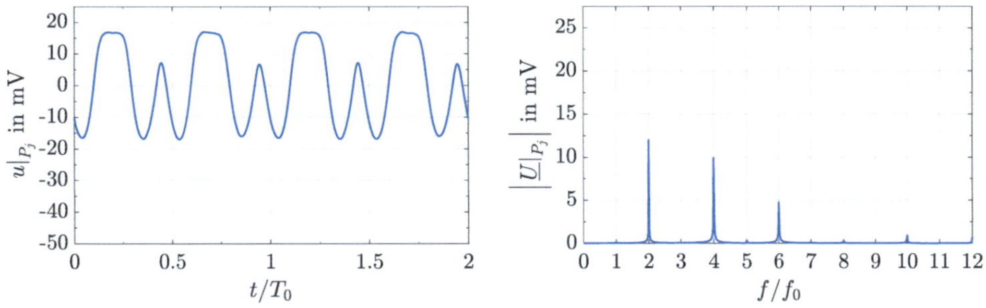

a) DAS für $P_5^{60°}$

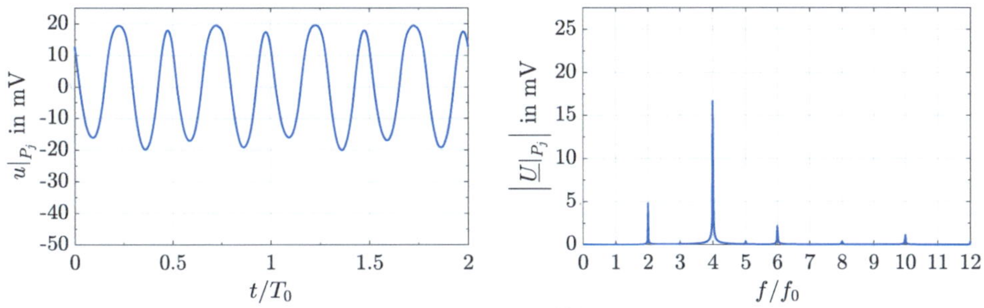

b) DAS für $P_5^{80°}$

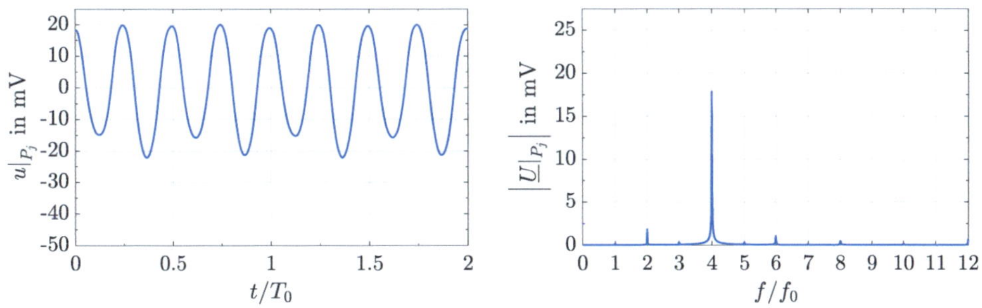

c) DAS für $P_5^{90°}$

Abb. A.8: Defekt-Antwort-Signal $\Delta\bar{\tilde{\mathbf{u}}}|_{P_j}$ (links) und zugehöriges Amplitudenspektrum $\left|\Delta\bar{\underline{\mathbf{U}}}|_{P_j}\right|$ (rechts) bei einer Drehzahl von $n_0 = 1200\,\mathrm{min}^{-1}$ und der Prüfkörperorientierung $\alpha = 0°$ für die Prüfkörper a) $P_5^{60°}$, b) $P_5^{80°}$ und c) $P_5^{90°}$.

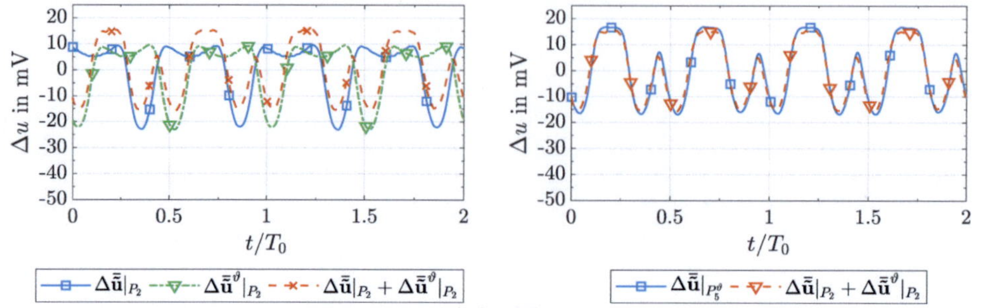

a) $\vartheta = 60°$

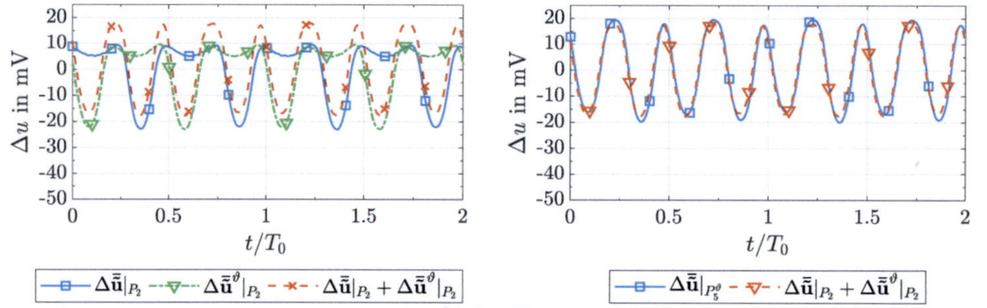

b) $\vartheta = 80°$

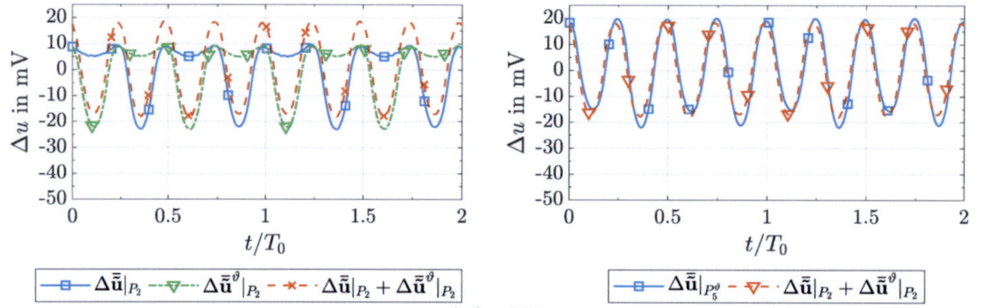

c) $\vartheta = 90°$

Abb. A.9: Defekt-Antwort-Signal $\Delta\bar{\bar{\mathbf{u}}}\big|_{P_2,\alpha}$, um die Phase ϑ verschobenes DAS $\Delta\bar{\bar{\mathbf{u}}}\big|_{P_2,\alpha}$ des Prüfkörpers P_2 und deren Summe $\Delta\bar{\bar{\mathbf{u}}}\big|_{P_2,\alpha} + \Delta\bar{\bar{\mathbf{u}}}^{\vartheta}\Big|_{P_2,\alpha}$ (links) sowie der Vergleich der Summe mit dem DAS $\Delta\bar{\bar{\mathbf{u}}}\big|_{P_5^{\vartheta},\alpha}$ für $\vartheta \in \{60°, 80°, 90°\}$ (rechts), dargestellt für $n_0 = 1200\,\mathrm{min}^{-1}$ und $\alpha = 0°$.

A.3 Programmablauf bei der Durchführung von Messplänen mit dem erweiterten Messsystem

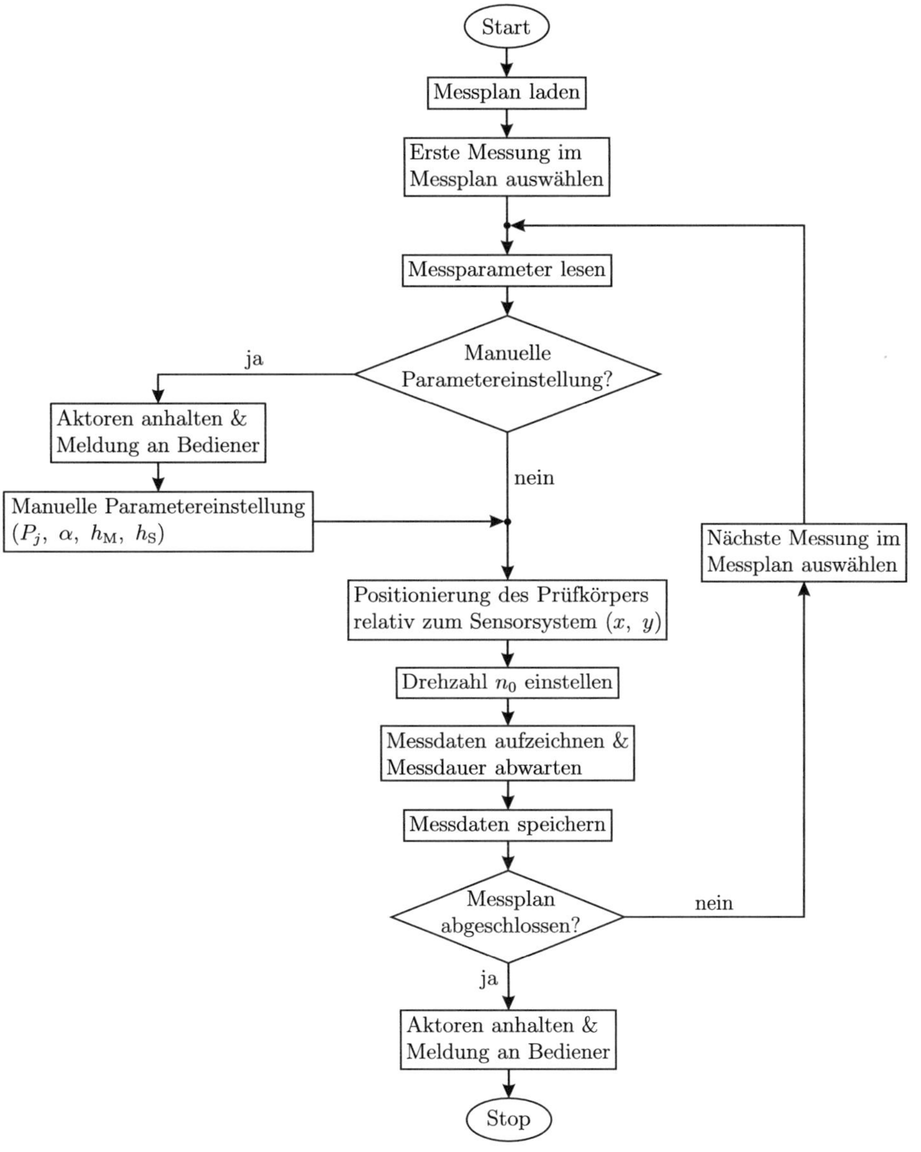

Abb. A.10: Ablaufplan für Studien mit einem vorgegebenen Messplan.

A.4 Ergänzung zu den eindimensionalen Scans der Prüfkörperplatten

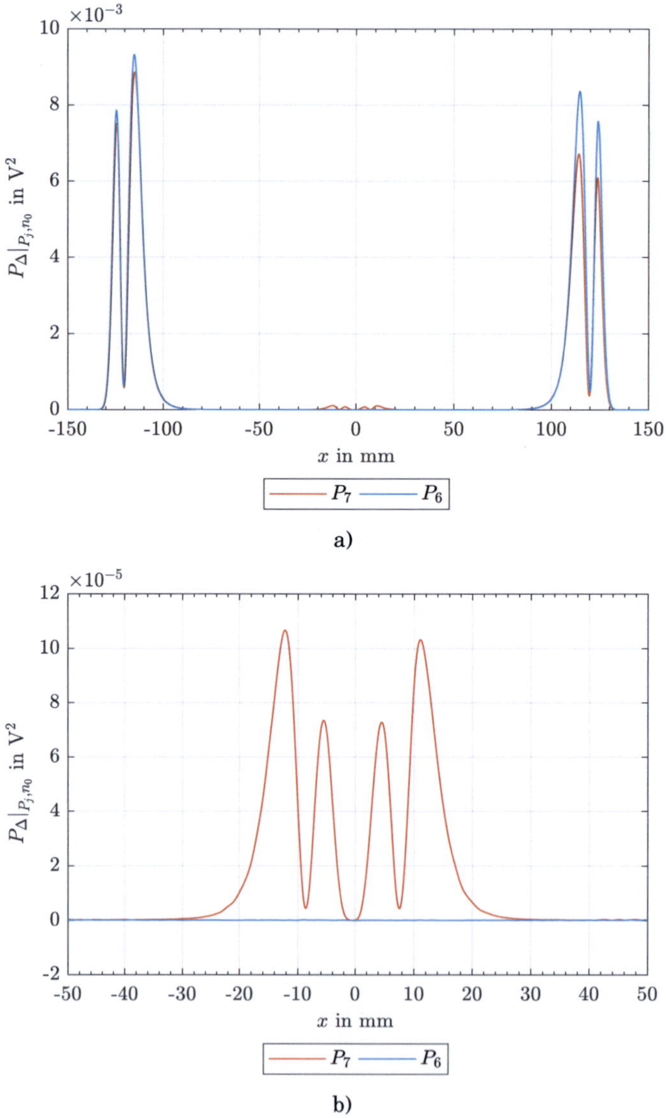

Abb. A.11: Leistung der DAS für einen eindimensionalen Scan der Prüfkörper P_6 und P_7 entlang der x-Achse, für a) $|x| \leq 150\,\mathrm{mm}$ und b) $|x| \leq 50\,\mathrm{mm}$, dargestellt für $n_0 = 1200\,\mathrm{min}^{-1}$.

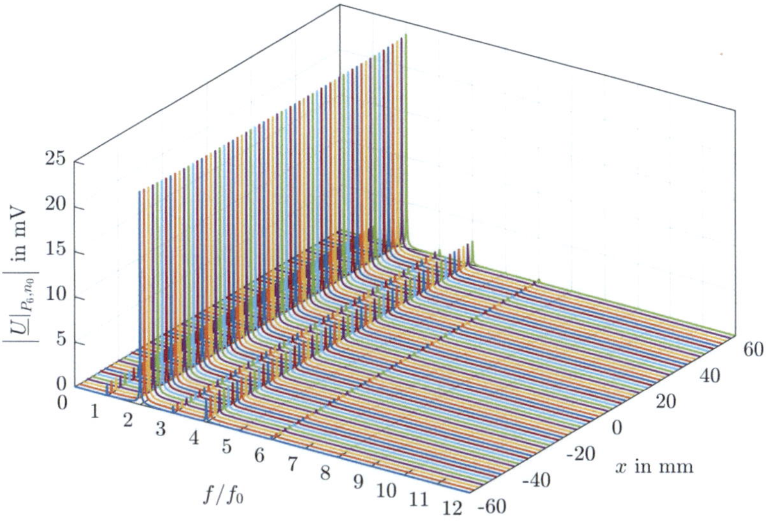

Abb. A.12: B_f-Bild des Amplitudenspektrums $\left|\bar{\underline{U}}|_{P_6,n_0}[k,x,0]\right|$ für $-60\,\mathrm{mm} \leq x \leq 60\,\mathrm{mm}$, dargestellt für $n_0 = 1200\,\mathrm{min}^{-1}$.

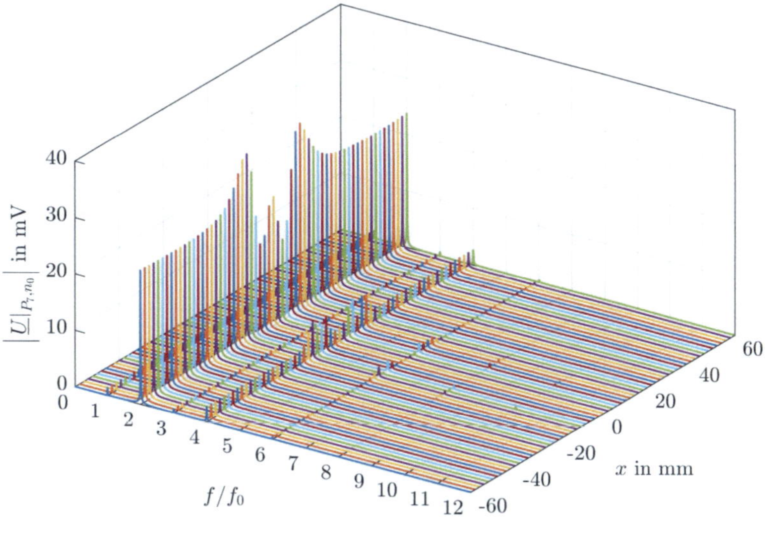

Abb. A.13: B_f-Bild des Amplitudenspektrums $\left|\bar{\underline{U}}|_{P_7,n_0}[k,x,0]\right|$ für $-60\,\mathrm{mm} \leq x \leq 60\,\mathrm{mm}$, dargestellt für $n_0 = 1200\,\mathrm{min}^{-1}$.

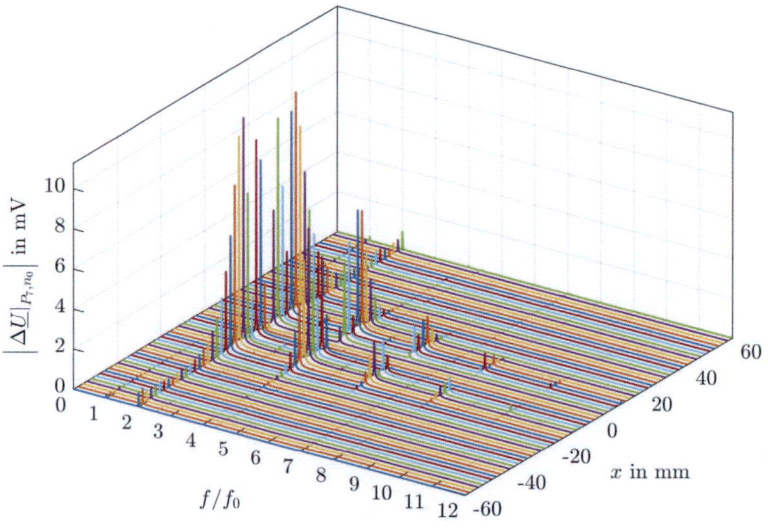

Abb. A.14: B_f-Bild des Amplitudenspektrums $\left|\Delta\bar{\underline{U}}|_{P_7,n_0}[k,x,0]\right|$ für $-60\,\text{mm} \leq x \leq 60\,\text{mm}$, dargestellt für $n_0 = 1200\,\text{min}^{-1}$.

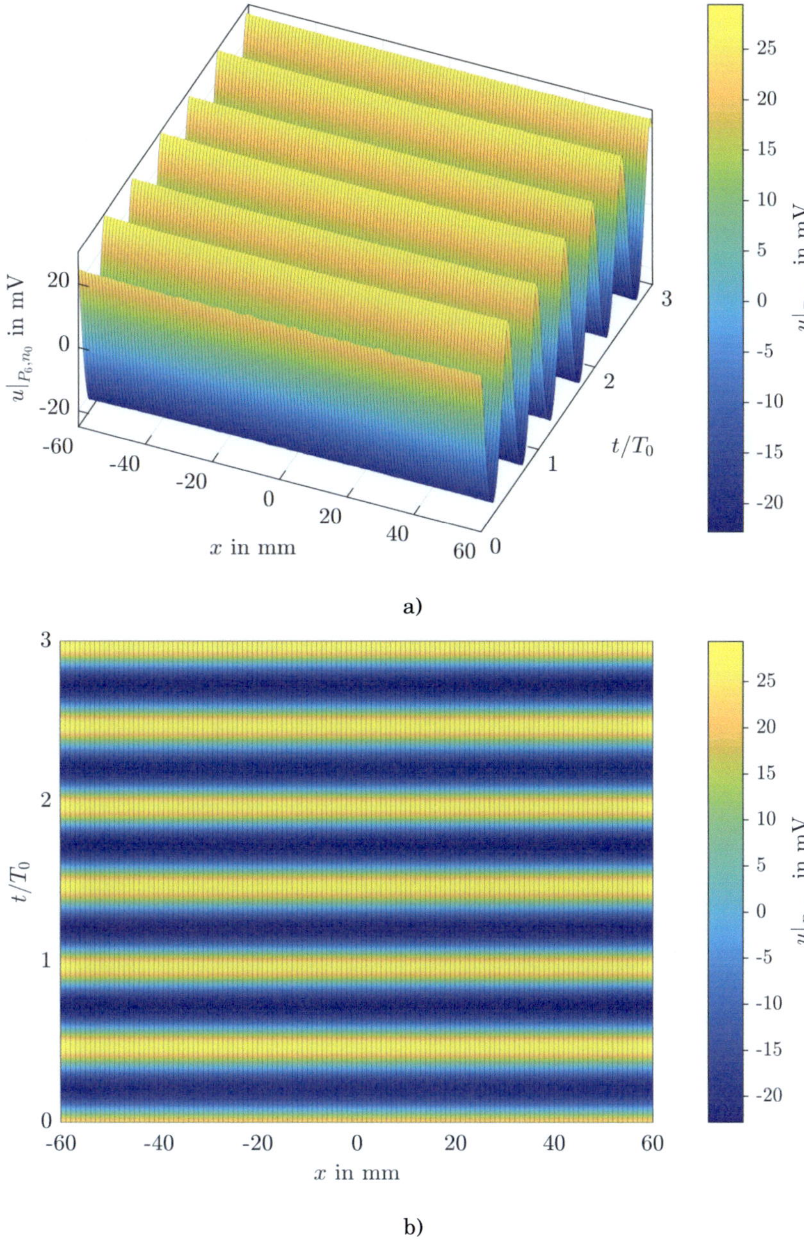

Abb. A.15: B_t-Bild der induzierten Spannung $\bar{\tilde{u}}\big|_{P_6,n_0}[n,x,0]$ für $-60\,\text{mm} \leq x \leq 60\,\text{mm}$, dargestellt für $n_0 = 1200\,\text{min}^{-1}$.

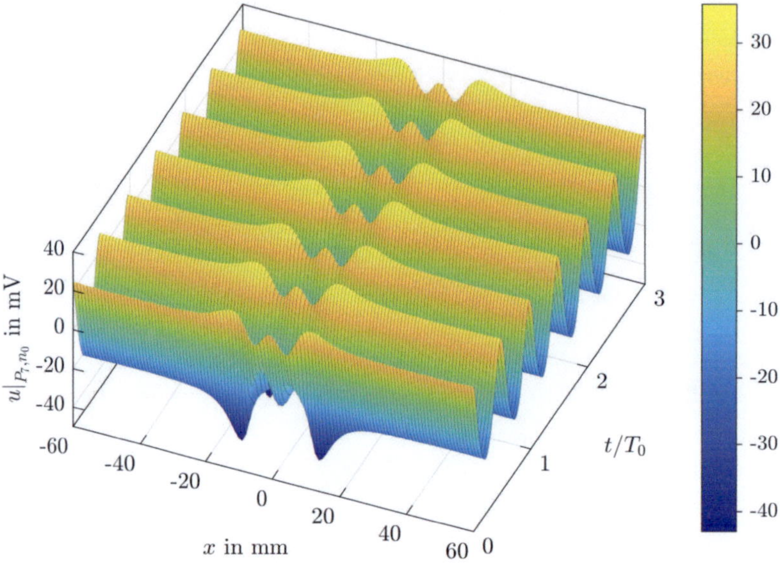

a)

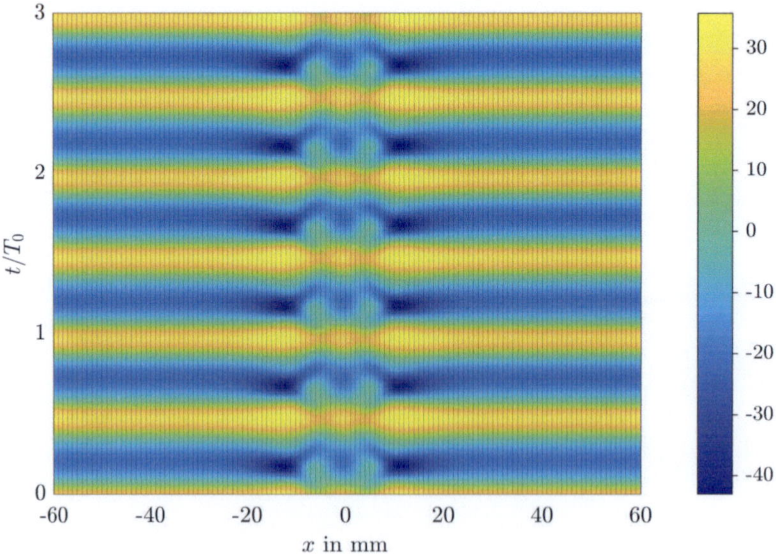

b)

Abb. A.16: B_t-Bild der induzierten Spannung $\bar{\bar{u}}|_{P_7,n_0}[n,x,0]$ für $-60\,\text{mm} \leq x \leq 60\,\text{mm}$, dargestellt für $n_0 = 1200\,\text{min}^{-1}$.

Literaturverzeichnis

[1] R. F. Abrantes, L. S. Rosado, M. Piedade, and P. M. Ramos, "Pulsed eddy currents testing using a planar matrix probe," *Measurement*, vol. 77, pp. 351–361, 2016.
(Seite 16).

[2] D. N. Alleyne, B. Pavlakovic, M. J. S. Lowe, and C. P., "Rapid, long range inspection of chemical plant pipework using guided waves," *AIP Conference Proceedings*, vol. 557, no. 1, pp. 180–187, 2001.
(Seite 10).

[3] C. S. Angani, H. G. Ramos, A. Lopes Ribeiro, T. J. Rocha, and B. Prashanth, "Transient eddy current oscillations method for the inspection of thickness change in stainless steel," *Sensors and Actuators A: Physical*, vol. 233, pp. 217–223, 2015.
(Seite 16).

[4] M. N. Baibich, J. M. Broto, F. Fert, Nguyen Van Dau, F. Petroff, P. Etienne, G. Creuzet, A. Friederich, and J. Chazelas, "Giant magnetoresistance of (001)Fe/(001)Cr magnetic superlattices," *Physical Review Letters*, vol. 61, no. 21, pp. 2472–2475, 1988.
(Seite 125).

[5] G. Betta, L. Ferrigno, and M. Laracca, "GMR-Based ECT Instrument for Detection and Characterization of Crack on a Planar Specimen: A Hand-Held Solution," *IEEE Transactions on Instrumentation and Measurement*, vol. 61, no. 2, pp. 505–512, 2012.
(Seite 126).

[6] J. Beyerer, F. Puente León, and C. Frese, *Machine Vision.* Berlin, Heidelberg, Germany: Springer, 2016.
(Seite 7).

[7] G. Binasch, P. Grünberg, F. Saurenbach, and W. Zinn, "Enhanced magnetoresistance in layered magnetic structures with antiferromagnetic interlayer exchange," *Physical Review B*, vol. 39, no. 7, pp. 4828–4830, 1989.
(Seite 125).

[8] H. Brauer, S. Gorges, and M. Ziolkowski, "Bewegungsinduzierte Wirbelstromprüfung von Verbundmaterialien," in *Proc. of the DGZfP-Jahrestagung, Koblenz, Germany*, 2017. [Online]. Available: https://www.ndt.net/search/docs.php3?showForm=off&id=21415
(Seite 25).

[9] H. Brauer, K. Porzig, J. Mengelkamp, M. Carlstedt, M. Ziolkowski, and H. Toepfer, "Lorentz force eddy current testing: a novel NDE-technique," *COMPEL*, vol. 33, no. 6, pp. 1965–1977, 2014.
(Seite 20).

[10] H. Brauer and M. Ziolkowski, "Eddy Current Testing of Metallic Sheets with Defects Using Force Measurements," *Serbian Journal of Electrical Engineering*, vol. 5, no. 1, pp. 11–20, 2008.
(Seiten 20, 21).

[11] H. Brauer, J. M. Otterbach, M. Ziolkowski, H. Toepfer, M. Graetzel, and J. P. Bergmann, “Friction stir weld inspection using the motion induced eddy current testing technique,” *AIP Conference Proceedings*, vol. 2102, 2019, Art. ID 080004.
(Seite 25).

[12] H. Brauer, M. Ziolkowski, K. Weise, M. Carlstedt, R. P. Uhlig, and M. Zec, *Motion-Induced Eddy Current Techniques for Non-Destructive Testing and Evaluation*. Stevenage, UK: Institution of Engineering and Technology, 2018.
(Seiten 14, 17, 20, 25, 25).

[13] S. Cardoso, D. C. Leitao, L. Gameiro, F. Cardoso, R. Ferreira, E. Paz, and P. P. Freitas, “Magnetic tunnel junction sensors with pTesla sensitivity,” *Microsystem Technologies*, vol. 20, no. 4-5, pp. 793–802, 2014.
(Seite 126, 126).

[14] M. Carlstedt, H. Brauer, K. Zimmermann, E. Gerlach, and R. P. Uhlig, “Identification of mechanical systems in Lorentz force eddy current testing,” *Problems of mechanics : Int. Scientific Journal (Tbilisi, Georgia)*, vol. 4, no. 61, pp. 16–31, 2015.
(Seite 22).

[15] M. Carlstedt, K. Porzig, R. P. Uhlig, M. Zec, M. Ziolkowski, and H. Brauer, “Application of Lorentz force eddy current testing and eddy current testing on moving nonmagnetic conductors,” *Int. Journal of Applied Electromagnetics and Mechanics*, vol. 45, no. 1, pp. 519–526, 2014.
(Seiten 24, 26).

[16] M. Carlstedt, K. Porzig, M. Ziolkowski, R. P. Uhlig, H. Brauer, and H. Toepfer, “Comparison of Lorentz Force Eddy Current Testing and Common Eddy Current Testing - Measurements and Simulations,” *Studies in Applied Electromagnetics and Mechanics*, vol. 39, no. 1, pp. 218–225, 2013.
(Seiten 24, 26).

[17] M. Carlstedt, “A Contribution to the Experimental Validation in Lorentz Force Eddy Current Testing,” Dissertation, Technische Universität Ilmenau, Ilmenau, Germany, 2016.
(Seiten 2, 20, 22, 23, 24, 25, 26).

[18] M. Carlstedt, K. Weise, M. Ziolkowski, R. Schmidt, and H. Brauer, “Estimation of Lorentz Force From Dimensional Analysis: Similarity Solutions and Scaling Laws,” *IEEE Transactions on Magnetics*, vol. 52, no. 8, 2016, Art. ID 7004813.
(Seite 22).

[19] T. Chady and R. Sikora, “Optimization of eddy-current sensor for multifrequency systems,” *IEEE Transactions on Magnetics*, vol. 39, no. 3, pp. 1313–1316, 2003.
(Seite 16).

[20] T. Chady and M. Enokizono, “Multi-frequency exciting and spectrogram-based ECT method,” *Journal of Magnetism and Magnetic Materials*, vol. 215-216, pp. 700–703, 2000.
(Seite 16).

[21] T. Chady and J. M. Grochowalski, “Eddy Current Transducer with Rotating Permanent Magnets to Test Planar Conducting Plates,” *Sensors*, vol. 19, no. 6, 2019, Art. ID 1408.
(Seiten 19, 30).

[22] T. Chen, P. Que, O. Zhang, and Q. Liu, “Ultrasonic Nondestructive Testing Accurate Sizing and Locating Technique Based on Time-of-Flight-Diffraction Method,” *Russian Journal of Nondestructive Testing*, vol. 41, no. 9, pp. 594–601, 2005.
(Seite 10).

[23] P. A. Davidson, *An introduction to magnetohydrodynamics*. Cambridge, UK: Cambridge University Press, 2001.
(Seite 23).

[24] J. G. Deak, Z. Zhou, and W. Shen, "Tunneling magnetoresistance sensor with pT level 1/f magnetic noise," *AIP Advances*, vol. 7, no. 5, 2017, Art. ID 056676.
(Seite 126).

[25] V. Deutsch, *Die Ultraschallprüfung (UT)*, 2nd ed. Wuppertal, Germany: Castell-Verlag, 2010, vol. 1.
(Seiten 8, 10).

[26] DIN 1319-1, "Grundlagen der Meßtechnik - Teil 1: Grundbegriffe," 1995.
(Seite 54).

[27] DIN EN ISO 155549, "Zerstörungsfreie Prüfung - Wirbelstromprüfung - Allgemeine Grundlagen," 2011.
(Seite 15).

[28] DIN EN ISO 12718, "Zerstörungsfreie Prüfung - Wirbelstromprüfung . Terminologie," 2018.
(Seite 14).

[29] DIN EN ISO 13018, "Zerstörungsfreie Prüfung - Sichtprüfung - Allgemeine Grundlagen," 2016.
(Seite 6).

[30] DIN EN ISO 16810, "Zerstörungsfreie Prüfung - Ultraschallprüfung - Allgemeine Grundsätze," 2014.
(Seite 8).

[31] DIN EN ISO 3452-1, "Zerstörungsfreie Prüfung - Eindringprüfung - Teil1 : Allgemeine Grundlagen," 2014.
(Seite 7, 7).

[32] DIN EN ISO 3452-2, "Zerstörungsfreie Prüfung - Eindringprüfung - Teil 2: Prüfung von Eindringmitteln," 2014.
(Seite 7).

[33] DIN EN ISO 3452-3, "Zerstörungsfreie Prüfung - Eindringprüfung - Teil 3: Kontrollkörper," 2014.
(Seite 7, 7).

[34] DIN EN ISO 5579, "Zerstörungsfreie Prüfung - Durchstrahlungsprüfung von metallischen Werkstoffen mit Film und Röntgen- oder Gammastrahlen - Grundlagen," 2014.
(Seite 10).

[35] DIN EN ISO 9934-1, "Zerstörungsfreie Prüfung - Magnetpulverprüfung - Teil 1: Allgemeine Grundlagen," 2017.
(Seite 13).

[36] Eddyfi NDT Inc., "Sharck Probes - Fast Inspection of Surface-Breaking Cracks without Surface Preparation," Quebec, Canada, 2018. [Online]. Available: https://www.eddyfi.com/products/sharck-weld-probes/
(Seite 17).

[37] ——, "Spyne - Adaptable Surface Eddy Current Array Screening Tool," Quebec, Canada, 2018. [Online]. Available: https://www.eddyfi.com/adaptable-surface-eddy-current-array-screening-tool/
(Seite 17).

[38] A. V. Egorov, V. V. Polyakov, D. S. Salita, E. A. Kolubaev, S. G. Psakhie, A. G. Chernyavskii, and I. V. Vorobei, "Inspection of aluminum alloys by a multi-frequency eddy current method," *Defence Technology*, vol. 11, no. 2, pp. 99–103, 2015.
(Seite 16).

[39] U. Ewert, “Current Developments in Digital Radiography and Computed Tomography from nm to macro scale,” in *Proc. of the 12th European Conference on Non-Destructive Testing, Gothenburg, Sweden*. Sweden: MEETX AB, 2018.
(Seiten 10, 11, 11).

[40] R. L. Fagaly, “Superconducting quantum interference device instruments and applications,” *Review of Scientific Instruments*, vol. 77, no. 10, 2006, Art. ID 101101.
(Seite 126).

[41] M. I. Faley, E. A. Kostyurina, K. V. Kalashnikov, Y. V. Maslennikov, V. P. Koshelets, and R. E. Dunin-Borkowski, “Superconducting Quantum Interferometers for Nondestructive Evaluation,” *Sensors*, vol. 17, no. 12, 2017, Art. ID 2798.
(Seiten 16, 126).

[42] B. Feng, A. Lopes Ribeiro, T. J. Rocha, and H. G. Ramos, “Comparison of Inspecting Non-Ferromagnetic and Ferromagnetic Metals Using Velocity Induced Eddy Current Probe,” *Sensors*, vol. 18, no. 10, 2018, Art. ID 3199.
(Seite 19).

[43] Fraunhofer-Institut für Integrierte Schaltungen IIS, “Inline-Computertomographie,” 2018. [Online]. Available: https://www.iis.fraunhofer.de/de/ff/zfp/tech/inline-computertomographie.html
(Seite 11).

[44] J. Garcia-Martin and J. Gomez-Gil, “Comparative evaluation of coil and Hall probes in hole detection and thickness measurement on aluminum plates using eddy current testing,” *Russian Journal of Nondestructive Testing*, vol. 49, no. 8, pp. 482–491, 2013.
(Seite 16).

[45] J. Garcia-Martin, J. Gomez-Gil, and E. Vazquez-Sanchez, “Non-Destructive Techniques Based on Eddy Current Testing,” *Sensors*, vol. 11, no. 3, pp. 2525–2565, 2011.
(Seite 16, 16).

[46] I. Giouroudi and E. Hristoforou, “Perspective: Magnetoresistive sensors for biomedicine,” *Journal of Applied Physics*, vol. 124, no. 3, 2018, Art. ID 030902.
(Seite 124).

[47] C. P. Gooneratne, B. Li, and T. E. Moellendick, “Downhole Applications of Magnetic Sensors,” *Sensors*, vol. 17, no. 10, 2017, Art. ID 2384.
(Seite 122).

[48] S. Gorges, H. Brauer, M. Ziolkowski, M. Carlstedt, K. Weise, R. Schmidt, and J. Mengelkamp, “Motion-induced Eddy Current Testing of Composite Materials,” in *Proc. of the 19th World Conference on Non-Destructive Testing, Munich, Germany*, 2016. [Online]. Available: http://www.ndt.net/article/wcndt2016/papers/p80.pdf
(Seite 25).

[49] Grand View Research, “Non-Destructive Testing (NDT) Market Size, Share & Trends Analysis Report by Vertical, by Test Method (Visual, Magnetic Particle, Eddy Current, Ultrasonic, Radiographic), and Segment Forecasts, 2018 - 2025,” 2018. [Online]. Available: https://www.grandviewresearch.com/industry-analysis/non-destructive-testing-equipment-services-market
(Seite 6).

[50] J. M. Grochowalski and T. Chady, “Numerical analysis of eddy current transducer with rotating permanent magnets for planar conducting plates testing,” in *Proc. of the Int. Interdisciplinary PhD Workshop (IIPhDW), Świnoujście, Poland*, 2018, pp. 340–343.
(Seite 19).

[51] Guang Yang, A. Tamburrino, L. Udpa, S. S. Udpa, Zhiwei Zeng, Yiming Deng, and Peiwen Que, "Pulsed Eddy-Current Based Giant Magnetoresistive System for the Inspection of Aircraft Structures," *IEEE Transactions on Magnetics*, vol. 46, no. 3, pp. 910–917, 2010.
(Seite 16).

[52] B. Halbedel, C. Resagk, A. Wegfrass, C. Diethold, M. Werner, F. Hilbrunner, and A. Thess, "A Novel Contactless Flow Rate Measurement Device for Weakly Conducting Fluids Based on Lorentz Force Velocimetry," *Flow, Turbulence and Combustion*, vol. 92, no. 1-2, pp. 361–369, 2014.
(Seite 21).

[53] U. Haßler, S. Oeckl, and I. Bauscher, "Inline CT methods for industrial production," in *Proc. of the Int. Symposium on NDT in Aerospace*, vol. 114. Berlin, Germany: Deutsche Gesellschaft für Zerstörungsfreie Prüfung, 2008, pp. 123–131.
(Seite 11).

[54] Y. He, M. Pan, F. Luo, and G. Tian, "Pulsed eddy current imaging and frequency spectrum analysis for hidden defect nondestructive testing and evaluation," *NDT & E International*, vol. 44, no. 4, pp. 344–352, 2011.
(Seite 16).

[55] H. Heidari, E. Bonizzoni, U. Gatti, and F. Maloberti, "A CMOS Current-Mode Magnetic Hall Sensor With Integrated Front-End," *IEEE Transactions on Circuits and Systems I: Regular Papers*, vol. 62, no. 5, pp. 1270–1278, 2015.
(Seite 123).

[56] C. J. Hellier, *Handbook of nondestructive evaluation*, 2nd ed. New York, N.Y: McGraw-Hill Education LLC, 2013.
(Seiten 6, 8, 13, 14, 15).

[57] W. Hillger, A. Szewieczek, D. Ilse, and L. Bühling, "Challenges and New Developments for Air Coupled Ultrasonic Imaging," in *Proc. of the 12th European Conference on Non-Destructive Testing, Gothenburg, Sweden*. Sweden: MEETX AB, 2018.
(Seite 10).

[58] S. Huang and S. Wang, *New Technologies in Electromagnetic Non-destructive Testing*, 1st ed., ser. Springer Series in Measurement Science and Technology. Singapore: Springer Singapore, 2016.
(Seiten 6, 10, 14, 14).

[59] N. Ida and N. Meyendorf, Eds., *Handbook of Advanced Nondestructive Evaluation*. Basel, Switzerland: Springer International Publishing, 2019.
(Seite 6).

[60] Institut Dr. Foerster GmbH und Co. KG, "Ultraschallprüfung," 2018. [Online]. Available: https://www.foerstergroup.de/de/deu/technologie/ultraschallpruefung/
(Seite 10).

[61] International Organization for Standardization, "Evaluation of measurement data - Guide to the Expression of Uncertainty in Measurement (GUM)," Genève, Switzerland, 2008.
(Seite 54).

[62] A. Jander, C. Smith, and R. Schneider, "Magnetoresistive sensors for nondestructive evaluation," in *Proc. of the 10th SPIE Int. Symposium, Nondestructive Evaluation for Health Monitoring and Diagnostics, San Diego, CA, USA*, vol. 5770. SPIE Proceedings, 2005, pp. 1–13.
(Seiten 124, 125).

[63] D. C. Jiles, "Review of magnetic methods for nondestructive evaluation (Part 2)," *NDT International*, vol. 23, no. 2, pp. 83–92, 1990.

(Seite 14, 14).

[64] ——, *Introduction to the principles of materials evaluation*. Boca Raton, FL, USA: CRC Press, 2008. (Seiten 8, 13, 14).

[65] L. Jogschies, D. Klaas, R. Kruppe, J. Rittinger, P. Taptimthong, A. Wienecke, L. Rissing, and M. C. Wurz, "Recent Developments of Magnetoresistive Sensors for Industrial Applications," *Sensors*, vol. 15, no. 11, 2015, Art. ID 28665.
(Seite 124).

[66] Joint Committee for Guides in Metrology, "International vocabulary of metrology – Basic and general concepts and associated terms (VIM)," 2007. [Online]. Available: http://www.iso.org/iso/catalogue_detail.htm?csnumber=45324
(Seite 54).

[67] J. Jun, J. Hwang, and J. Lee, "Quantitative Nondestructive Evaluation of the Crack on the Austenite Stainless Steel Using the Induced Eddy Current and the Hall Sensor Array," in *Proc. of the IEEE Instrumentation and Measurement Technology Conference (IMTC), Warsaw, Poland*, 2007, pp. 1–6.
(Seite 17).

[68] Junjun Xin, N. Lei, L. Udpa, and S. Udpa, "Nondestructive inspection using Rotating Field Eddy Current (RoFEC) Probes," in *Digests of the 14th Biennial IEEE Conference on Electromagnetic Field Computation (CEFC), Chicago, IL, USA*. IEEE, 2010, p. 1.
(Seite 17).

[69] K.-D. Kammeyer and K. Kroschel, *Digitale Signalverarbeitung : Filterung und Spektralanalyse mit MATLAB-Übungen*. Wiesbaden, Germany: Vieweg+Teubner Verlag, 2014.
(Seite 84).

[70] Kiyean Kim, Hyung Jin Lee, Joo Kyung Lee, and Yoon Young Kim, "Effects of slits in a patch of omnidirectional Lamb-wave MPT on the transducer output," *Smart Materials and Structures*, vol. 25, no. 3, 2016, Art. ID 035019. [Online]. Available: http://stacks.iop.org/0964-1726/25/i=3/a=035019
(Seite 10).

[71] S. Kolkoori, N. Wrobel, U. Zscherpel, and U. Ewert, "A new X-ray backscatter imaging technique for non-destructive testing of aerospace materials," *NDT & E International*, vol. 70, pp. 41–52, 2015.
(Seite 11).

[72] I. Komura, S. Nagai, H. Kashiwaya, T. Mori, and M. Arii, "Improved ultrasonic testing by phased array technique and its application," *Nuclear Engineering and Design*, vol. 87, pp. 185–191, 1985.
(Seite 10).

[73] H. J. Krause and M. von Kreutzbruck, "Recent developments in SQUID NDE," *Physica C: Superconductivity*, vol. 368, no. 1-4, pp. 70–79, 2002.
(Seite 16).

[74] W. Krause, *Grundlagen der Konstruktion: Elektronik - Elektrotechnik - Feinwerktechnik - Mechatronik*, 10th ed. München, Germany: Carl Hanser Verlag, 2018.
(Seiten 38, 50).

[75] ——, *Konstruktionselemente der Feinmechanik*, 4th ed. München, Germany: Carl Hanser Verlag, 2018.
(Seiten 38, 50).

[76] J. Lenz and S. Edelstein, "Magnetic sensors and their applications," *IEEE Sensors Journal*, vol. 6, no. 3, pp. 631–649, 2006.
(Seiten 119, 122, 122, 123, 124, 125, 126).

[77] C. Li, R. Liu, S. Dai, N. Zhang, and X. Wang, "Vector-Based Eddy-Current Testing Method," *Applied Sciences*, vol. 8, no. 11, 2018, Art. ID 2289.
(Seite 20).

[78] P. S. Lowe, R. Sanderson, S. K. Pedram, N. V. Boulgouris, and P. Mudge, "Inspection of Pipelines Using the First Longitudinal Guided Wave Mode," *Physics Procedia*, vol. 70, pp. 338–342, 2015.
(Seite 10).

[79] A. E. Mahdi, L. Panina, and D. Mapps, "Some new horizons in magnetic sensing: High-Tc SQUIDs, GMR and GMI materials," *Sensors and Actuators A: Physical*, vol. 105, no. 3, pp. 271–285, 2003.
(Seiten 120, 126).

[80] A. Matsuoka, M. Shinohara, Y.-M. Tanaka, A. Fujimoto, and K. Iguchi, "Development of fluxgate magnetometers and applications to the space science missions," in *An Introduction to Space Instrumentation*. Tokyo, Japan: TERRAPUB, 2013, pp. 217–225.
(Seite 121).

[81] H. Meerkamm, Ed., *Schaeffler Technisches Taschenbuch*. Herzogenaurach, Germany: Schaeffler Technologies AG & Co. KG, 2013.
(Seite 39).

[82] J. Mengelkamp, M. Carlstedt, K. Weise, M. Ziolkowski, H. Brauer, and J. Haueisen, "Current Density Reconstructions for Lorentz Force Evaluation," *Research in Nondestructive Evaluation*, vol. 28, no. 2, pp. 76–100, 2017. [Online]. Available: https://doi.org/10.1080/09349847.2015.1111483
(Seite 20).

[83] R. S. Mishra, P. S. De, and N. Kumar, *Friction Stir Welding and Processing: Science and Engineering*. Cham, Switzerland: Springer International Publishing, 2014. [Online]. Available: http://dx.doi.org/10.1007/978-3-319-07043-8
(Seite 25).

[84] G. Mook, F. Michel, and J. Simonin, "Electromagnetic Imaging Using Probe Arrays," *SV-JME (Strojniški vestnik - Journal of Mechanical Engineering)*, vol. 57, no. 3, pp. 227–236, 2011.
(Seite 17).

[85] P. O. Moore, *Visual testing*, 3rd ed. Columbus, Ohio: American Society for Nondestructive Testing, 2010.
(Seite 6).

[86] R. Nagendran, I. Mohanty, A. V. Thanikai Arasu, and R. Baskaran, "Transient Eddy Current NDE System Based on Fluxgate Sensor for the Detection of Defects in Multilayered Conducting Material," *Journal of Nondestructive Evaluation*, vol. 37, no. 3, p. 2026, 2018.
(Seite 16).

[87] N. V. Nair, V. R. Melapudi, H. R. Jimenez, X. Liu, Y. Deng, Z. Zeng, L. Udpa, T. J. Moran, and S. S. Udpa, "A GMR-Based Eddy Current System for NDE of Aircraft Structures," *IEEE Transactions on Magnetics*, vol. 42, no. 10, pp. 3312–3314, 2006.
(Seite 16).

[88] National Instruments Corporation, "BNC-2120 - Installation Guide," 2012. [Online]. Available: http://www.ni.com/pdf/manuals/372123d.pdf
(Seite 46).

[89] ——, "NI 449x Specifications," 2012. [Online]. Available: http://www.ni.com/pdf/manuals/372125f.pdf
(Seite 46).

[90] ——, "PXI Express - NI PXIe-1078 User Manual," 2012. [Online]. Available: http://www.ni.com/pdf/manuals/373204c.pdf

(Seite 45).

[91] ——, "Was ist PXI? - Tutorium," 2012. [Online]. Available: http://www.ni.com/tutorial/4811/de/ (Seite 45).

[92] ——, "PXI Express - NI PXIe-8135 User Manual," 2013. [Online]. Available: http://www.ni.com/pdf/manuals/373716b.pdf (Seite 45).

[93] ——, "NI 6341 - Device Specifications," 2016. [Online]. Available: http://www.ni.com/pdf/manuals/374566d.pdf (Seite 46).

[94] ——, "NI Serial Hardware - Specifications and Features Guide (NI PXI-8430 RS232)," 2017. [Online]. Available: http://www.ni.com/pdf/manuals/373170f.pdf (Seite 100).

[95] Newmark Systems Inc., "Data Sheet - NLS4 Series," 2015. [Online]. Available: http://www.newmarksystems.com/linear-positioners/nls4-series (Seite 100).

[96] ——, "Data Sheet - NSC-G Series," 2015. [Online]. Available: http://www.newmarksystems.com/motion-controllers/nsc-g-series (Seite 100).

[97] OLYMPUS Corporation, "Phased Array Tutorial," 2018. [Online]. Available: https://www.olympus-ims.com/en/ndt-tutorials/phased-array/ (Seite 10).

[98] ——, "Prüfen mit Wirbelstrom-Array (OmniScan MX ECA/ECT)," 2018. [Online]. Available: https://www.olympus-ims.com/de/omniscan-eca/ (Seite 17).

[99] J. M. Otterbach, E. Gerlach, H. Brauer, R. Schmidt, and M. Ziolkowski, "Vorrichtung und Verfahren zur Detektion und Lokalisierung von Anomalien in Prüfobiekten aus elektrisch leitfähigem Material," German Patent Application DE 10 2018 109 944.4, 25.04.2018. (Seite 57).

[100] J. M. Otterbach, E. Gerlach, M. Ziolkowski, H. Brauer, and R. Schmidt, "Portable system for motion induced eddy current testing," in *Sensors and Measuring Systems*. Frankfurt am Main: VDE, 2018, pp. 300–303. (Seite 57).

[101] J. M. Otterbach, R. Schmidt, H. Brauer, and M. Ziolkowski, "Motion induced eddy current testing system based on rotating magnets," in *Proc. of the 12th European Conference on Non-Destructive Testing, Gothenburg, Sweden*. Sweden: MEETX AB, 2018. (Seite 57).

[102] J. M. Otterbach, R. Schmidt, H. Brauer, M. Ziolkowski, and H. Töpfer, "Comparison of defect detection limits in Lorentz force eddy current testing and classical eddy current testing," *Journal of Sensors and Sensor Systems*, vol. 7, no. 2, pp. 453–459, 2018. (Seite 26).

[103] D. J. L. Pasadas, A. Lopes Ribeiro, H. G. Ramos, B. Feng, and P. Baskaran, "Eddy current testing of cracks using multi-frequency and noise excitation," in *Proc. of the IEEE Int. Instrumentation and Measurement Technology Conference (I2MTC), Houston, Texas, USA*, 2018, pp. 1–6. (Seite 16).

[104] D. J. L. Pasadas, A. Lopes Ribeiro, H. G. Ramos, and T. J. Rocha, "Defect detection in stainless steel tubes with AMR and GMR sensors using remote field eddy current inspection," *ACTA IMEKO*, vol. 4, no. 2, pp. 62–67, 2015.
(Seite 17).

[105] ——, "Inspection of Cracks in Aluminum Multilayer Structures Using Planar ECT Probe and Inversion Problem," *IEEE Transactions on Instrumentation and Measurement*, vol. 66, no. 5, pp. 920–927, 2017.
(Seite 17).

[106] D. J. L. Pasadas, T. J. Rocha, H. G. Ramos, and A. Lopes Ribeiro, "Remote field eddy current inspection of metallic tubes using GMR sensors," in *Proc. of the IEEE Int. Instrumentation and Measurement Technology Conference (I2MTC), Minneapolis, MN, USA*, 2013, pp. 296–299.
(Seite 17).

[107] F. Pernkopf and P. O'Leary, "Image acquisition techniques for automatic visual inspection of metallic surfaces," *NDT & E International*, vol. 36, no. 8, pp. 609–617, 2003.
(Seite 7).

[108] B. Petković, "Assessment of Linear Inverse Problems in Magnetocardiography and Lorentz Force Eddy Current Testing," Dissertation, Technische Universität Ilmenau, 2013.
(Seite 20).

[109] R. S. Popović, "Hall-effect devices," *Sensors and Actuators*, vol. 17, no. 1-2, pp. 39–53, 1989.
(Seite 123).

[110] R. S. Popović, J. A. Flanagan, and P. A. Besse, "The future of magnetic sensors," *Sensors and Actuators A: Physical*, vol. 56, no. 1-2, pp. 39–55, 1996.
(Seite 122).

[111] O. Postolache, A. Lopes Ribeiro, and H. G. Ramos, "GMR array uniform eddy current probe for defect detection in conductive specimens," *Measurement*, vol. 46, no. 10, pp. 4369–4378, 2013.
(Seite 17).

[112] K. G. Prabhakaran, B. S. Wong, and Y. Y. Teng, "Time of Flight Diffraction: An Alternate Non-Destructive Testing Procedure to Replace Traditional Methods," in *Proc. of the 3rd Int. Conference on Experimental Mechanics, Singapore*, vol. 5852. SPIE Proceedings, 2004, pp. 534–539.
(Seite 10).

[113] F. Primdahl, "The fluxgate magnetometer," *Journal of Physics E: Scientific Instruments*, vol. 12, pp. 241–253, 1979.
(Seite 122).

[114] F. Puente Leon and U. Kiencke, *Messtechnik: Systemtheorie für Ingenieure und Informatiker*. Berlin, Heidelberg, Germany: Springer Vieweg, 2012.
(Seiten 54, 60).

[115] G. Pulugundla, C. Heinicke, C. Karcher, and A. Thess, "Lorentz force velocimetry with a small permanent magnet," *European Journal of Mechanics - B/Fluids*, vol. 41, pp. 23–28, 2013.
(Seite 21).

[116] H. G. Ramos and A. Lopes Ribeiro, "Present and Future Impact of Magnetic Sensors in NDE," *Procedia Engineering*, vol. 86, no. 1, pp. 406–419, 2014.
(Seite 16).

[117] H. G. Ramos, T. J. Rocha, A. Lopes Ribeiro, and D. J. L. Pasadas, "GMR versus differential coils in velocity induced eddy current testing," in *Proc. of the IEEE Int. Instrumentation and Measurement Technology Conference (I2MTC), Montevideo, Uruguay*, 2014, pp. 915–918.

(Seite 18).

[118] H. G. Ramos, T. J. Rocha, D. J. L. Pasadas, and A. Lopes Ribeiro, “Faraday induction effect applied to the detection of defects in a moving plate,” *AIP Conference Proceedings*, vol. 1511, no. 1, pp. 1490–1497, 2013.
(Seite 18).

[119] ——, “Velocity induced eddy currents technique to inspect cracks in moving conducting media,” in *Proc. of the IEEE Int. Instrumentation and Measurement Technology Conference (I2MTC), Minneapolis, MN, USA*, 2013, pp. 931–934.
(Seite 18).

[120] V. Reimund, M. Pelkner, M. von Kreutzbruck, and J. Haueisen, “Sensitivity analysis of the non-destructive evaluation of micro-cracks using GMR sensors,” *NDT & E International*, vol. 64, pp. 21–29, 2014.
(Seite 14).

[121] D. Rifai, A. N. Abdalla, R. Razali, K. Ali, and M. A. Faraj, “An Eddy Current Testing Platform System for Pipe Defect Inspection Based on an Optimized Eddy Current Technique Probe Design,” *Sensors*, vol. 17, no. 3, 2017, Art. ID 579.
(Seite 17).

[122] P. Ripka, “Review of fluxgate sensors,” *Sensors and Actuators A: Physical*, vol. 33, no. 3, pp. 129–141, 1992.
(Seite 121).

[123] ——, “Advances in fluxgate sensors,” *Sensors and Actuators A: Physical*, vol. 106, no. 1-3, pp. 8–14, 2003.
(Seite 121).

[124] P. Ripka and M. Janosek, “Advances in Magnetic Field Sensors,” *IEEE Sensors Journal*, vol. 10, no. 6, pp. 1108–1116, 2010.
(Seiten 123, 123, 124, 125).

[125] T. J. Rocha, H. G. Ramos, A. Lopes Ribeiro, and D. J. L. Pasadas, “Magnetic sensors assessment in velocity induced eddy current testing,” *Sensors and Actuators A: Physical*, vol. 228, no. 1, pp. 55–61, 2015.
(Seite 18).

[126] ——, “Sub-Surface Defect Detection with Motion Induced Eddy Currents in Aluminium,” in *Proc. of the IEEE Int. Instrumentation and Measurement Technology Conference (I2MTC), Pisa, Italy*, 2015, pp. 930–934.
(Seite 18).

[127] ——, “Evaluation of Subsurface Defects Using Diffusion of Motion-Induced Eddy Currents,” *IEEE Transactions on Instrumentation and Measurement*, vol. 65, no. 5, pp. 1182–1187, 2016.
(Seite 18).

[128] T. J. Rocha, H. G. Ramos, A. Lopes Ribeiro, D. J. L. Pasadas, and C. S. Angani, “Studies to optimize the probe response for velocity induced eddy current testing in aluminium,” *Measurement*, vol. 67, no. 1, pp. 108–115, 2015.
(Seite 18).

[129] A. Rosell, C. Ye, Y. Deng, L. Udpa, and S. Udpa, “Linear Excitation Eddy Current Probe for Multi-layered CFRP Inspection,” in *Proc. of the 12th European Conference on Non-Destructive Testing, Gothenburg, Sweden*. Sweden: MEETX AB, 2018.
(Seiten 16, 17).

[130] R+W Antriebselemente GmbH, “EKL Elastomerkupplung mit Klemmnabe,” 2019. [Online]. Available: https://www.rw-kupplungen.de/produkte/praezisionskupplungen/elastomerkupplungen/ekl/
(Seite 39).

[131] M. Sackewitz, *Leitfaden zur industriellen Röntgentechnik: Zerstörungsfreie Prüfung mit Bildverarbeitung*, 2nd ed. Erlangen: Fraunhofer Verlag, 2015.
(Seite 11, 11).

[132] T. G. Santos, R. M. Miranda, and C. C. de Carvalho, "A new NDT technique based on bacterial cells to detect micro surface defects," *NDT & E International*, vol. 63, pp. 43–49, 2014.
(Seite 8).

[133] K. Schiebold, *Zerstörungsfreie Werkstoffprüfung - Durchstrahlungsprüfung: Ein Lehr- und Arbeitsbuch für Ausbildung und Prüfpraxis*, 1st ed. Berlin, Germany: Springer Vieweg, 2015.
(Seite 10).

[134] ——, *Zerstörungsfreie Werkstoffprüfung - Magnetpulverprüfung*. Berlin, Germany: Springer Vieweg, 2015.
(Seite 13).

[135] A. V. Silva, D. C. Leitao, J. Valadeiro, J. Amaral, P. P. Freitas, and S. Cardoso, "Linearization strategies for high sensitivity magnetoresistive sensors," *The European Physical Journal Applied Physics*, vol. 72, no. 1, 2015, Art. ID 10601.
(Seiten 125, 126, 126, 126).

[136] R. Slatter and J. Bretschneider, "Magnetoresistive Sensoren in medizintechnischen Anwendungen," in *Proc. of the 13th Dresdner Sensor-Symposium, Dresden, Germany*. Wunstorf, Germany: AMA Service GmbH, 2017, pp. 55–60.
(Seite 126, 126).

[137] S. Song and Y. Li, "Sparse decomposition-based 3D ultrasound imaging and its application in pipeline defect testing using a multi-transducer composite array," *Nondestructive Testing and Evaluation*, vol. 33, no. 3, pp. 237–252, 2018.
(Seite 9).

[138] A. Sophian, G. Tian, and M. Fan, "Pulsed Eddy Current Non-destructive Testing and Evaluation: A Review," *Chinese Journal of Mechanical Engineering*, vol. 30, no. 3, pp. 500–514, 2017.
(Seite 16).

[139] S. Steeb, *Zerstörungsfreie Werkstück- und Werkstoffprüfung: Die gebräuchlichsten Verfahren im Überblick*, 4th ed. Renningen: Expert-Verlag, 2011, vol. 243.
(Seite 7).

[140] C. Sun, T. Gang, C. Wang, J. Yang, X. Zhang, C. Xia, Z. Yan, and Y. Jiang, "Three dimensional imaging based on ultrasonic linear phased array probe," in *Proc. of the IEEE Far East Forum on Nondestructive Evaluation / Testing*, C. Xu, Ed. Piscataway, NJ, USA: IEEE, 2014, pp. 98–101.
(Seite 9).

[141] Y. S. Sun, "Electromagnetic-field-focusing remote-field eddy-current probe system and method for inspecting anomalies in conducting plates," USA Patent US 6 002 251, 1999.
(Seite 17).

[142] Y. Sun, Y. Kang, and C. Qiu, "A permanent magnetic perturbation testing sensor," *Sensors and Actuators A: Physical*, vol. 155, no. 2, pp. 226–232, 2009.
(Seite 18).

[143] ——, "A new NDT method based on permanent magnetic field perturbation," *NDT & E International*, vol. 44, no. 1, pp. 1–7, 2011.
(Seite 18).

[144] Z. Sun, D. Cai, C. Zou, W. Zhang, and Q. Chen, "Design and optimization of a flexible arrayed eddy current sensor," *Measurement Science and Technology*, vol. 28, no. 4, 2017, Art. ID 045105.

(Seiten 17, 121).

[145] Y. Tan, X. Wang, and R. Moreau, "An innovative contactless method for detecting defects in electrical conductors by measuring a change in electromagnetic torque," *Measurement Science and Technology*, vol. 26, no. 3, 2015, Art. ID 035602.
(Seiten 19, 20, 30).

[146] Y. Tavrin, H. J. Krause, W. Wolf, V. Glyantsev, J. Schubert, W. Zander, and H. Bousack, "Eddy current technique with high temperature SQUID for non-destructive evaluation of non-magnetic metallic structures," *Cryogenics*, vol. 36, no. 2, pp. 83–86, 1996.
(Seite 16).

[147] N. G. Tawfik, Y. Hussein, and E. Azab, "Analysis of magnetoresistive sensors for nondestructive evaluation," in *Proc. of the IEEE Sensors Applications Symposium, Seoul, Korea*, 2018, pp. 1–4.
(Seiten 16, 126).

[148] TDK Corporation, "TDK Biomagnetic Sensor: Effective Alternative to SQUID," Tokyo, Japan, 2019. [Online]. Available: https://product.tdk.com/info/en/techlibrary/developing/bio-sensor/index.html
(Seiten 120, 126).

[149] TDK-Micronas GmbH, "HAL 182x - Wert-optimierte Hall-Effekt-Sensoren," 2019. [Online]. Available: https://www.micronas.com/de/produkte/linear-hall-sensoren/hal-182x
(Seite 46).

[150] ——, "Linear-Hall-Sensoren - Übersicht," 2019. [Online]. Available: https://www.micronas.com/de/produkte/linear-hall-sensoren
(Seite 124).

[151] The American Society for Nondestructive Testing, "Introduction to Nondestructive Testing," The American Society for Nondestructive Testing, 2018. [Online]. Available: https://www.asnt.org/MinorSiteSections/AboutASNT/Intro-to-NDT
(Seiten 6, 13, 14).

[152] The Britisch Institute of Non-Destructive Testing, "Liquid penetrant inspection." [Online]. Available: http://www.bindt.org/What-is-NDT/Liquid-penetrant-inspection/
(Seite 7).

[153] A. Thess, E. Votyakov, B. Knaepen, and O. Zikanov, "Theory of the Lorentz force flowmeter," *New Journal of Physics*, vol. 9, no. 8, 2007, Art. ID 299.
(Seite 20).

[154] A. Thess, E. Votyakov, and Y. Kolesnikov, "Lorentz Force Velocimetry," *Physical Review Letters*, vol. 96, no. 16, 2006, Art. ID 164501.
(Seite 20).

[155] W. M. Thomas and E. D. Nicholas, "Friction stir welding for the transportation industries," *Materials & Design*, vol. 18, no. 4-6, pp. 269–273, 1997.
(Seite 25).

[156] Thorlabs Inc., "Travel Translation Stages (PT1/M)," Newton, New Jersey, United States, 2019. [Online]. Available: https://www.thorlabs.com/newgrouppage9.cfm?objectgroup_id=706
(Seite 101).

[157] ——, "XY Translation Stages with Rotating Platform (XYR1/M)," Newton, New Jersey, United States, 2019. [Online]. Available: https://www.thorlabs.com/newgrouppage9.cfm?objectgroup_id=3693&pn=XYR1/M
(Seite 100).

[158] A. Tipek and P. Ripka, Eds., *Modern sensors handbook*. Newport Beach, CA, USA: ISTE, 2007. [Online]. Available: http://site.ebrary.com/lib/alltitles/docDetail.action?docID=10360937
(Seiten 123, 124).

[159] M. T. Todaro, Sileo Leonardo, and M. de Vittorio, "Magnetic Field Sensors Based on Microelectromechanical Systems (MEMS) Technology," in *Magnetic sensors*. Rijeka, Croatia: InTech, 2012, pp. 103–124. [Online]. Available: http://www.intechopen.com/books/magnetic-sensors-pr
(Seiten 121, 122, 123).

[160] Y. Tsukamoto, K. Shiga, K. Saki, T. Kiwa, K. Tsukada, and Y. Honda, "Magnetic Flux Leakage Testing for Back-side Defects Using a Tunnel Magnetoresistive Device," in *Proc. of the Fifth Int. Conference on Sensor Device Technologies and Applications, Lisbon, Portugal*, 2014, pp. 114–118.
(Seite 14).

[161] S. Tumanski, "Induction coil sensors – a review," *Measurement Science and Technology*, vol. 18, no. 3, pp. R31–R46, 2007.
(Seiten 120, 120, 121, 121).

[162] ——, *Handbook of magnetic measurements*. Boca Raton, FL, USA: CRC Press, 2011.
(Seiten 119, 125, 125, 126, 126, 126).

[163] ——, "Modern magnetic field sensors - a review," *Przegląd Elektrotechniczny*, vol. 89, no. 10, 2013.
(Seite 122).

[164] TWI Ltd., "Phased Array Ultrasonic Testing - PAUT - NDT Technique," 2018. [Online]. Available: https://www.twi-global.com/what-we-do/services-and-support/asset-management/non-destructive-testing/
(Seite 10).

[165] ——, "Time of Flight Diffraction - TOFD - NDT for weld inspection," 2018. [Online]. Available: https://www.twi-global.com/what-we-do/services-and-support/asset-management/non-destructive-testing/
(Seite 10).

[166] S. S. Udpa and P. O. Moore, *Nondestructive testing handbook*, 3rd ed. Columbus, Ohio, USA: American Society for Nondestructive Testing, 2004.
(Seiten 14, 14, 14, 15, 15).

[167] R. P. Uhlig, M. Zec, H. Brauer, and A. Thess, "Lorentz Force Eddy Current Testing: a Prototype Model," *Journal of Nondestructive Evaluation*, vol. 31, no. 4, pp. 357–372, 2012.
(Seite 23).

[168] R. P. Uhlig, M. Zec, M. Ziolkowski, and H. Brauer, "Lorentz Force Eddy Current Testing: Validation of Numerical Results," *Proceedings of the Electrotechnical Institute*, vol. 251, pp. 135–145, 2011.
(Seiten 21, 23, 23, 24).

[169] R. P. Uhlig, M. Zec, M. Ziolkowski, H. Brauer, and A. Thess, "Lorentz force sigmometry: A contactless method for electrical conductivity measurements," *Journal of Applied Physics*, vol. 111, no. 9, 2012, Art. ID 094914.
(Seite 23, 23).

[170] R. P. Uhlig, *An experimental validation of Lorentz force eddy current testing*. Ilmenau, Germany: Universitätsverlag Ilmenau, 2014.
(Seiten 2, 20, 21, 24, 24).

[171] VDI Verein Deutscher Ingenieure e.V., "VDI 2221 - Entwicklung technischer Produkte und Systeme - Modell der Produktentwicklung," Düsseldorf, Germany, 2019. [Online]. Available: https://www.vdi.de/richtlinien
(Seiten 38, 50).

[172] ——, "VDI2206 - Entwicklungsmethodik für mechatronische Systeme," Düsseldorf, Germany, 2019. [Online]. Available: https://www.vdi.de/richtlinien
(Seiten 38, 50).

[173] D. C. Von Grünigen, *Digitale Signalverarbeitung – mit einer Einführung in die kontinuierlichen Signale und Systeme*, 5th ed. München, Germany: Carl Hanser Verlag, 2014.
(Seiten 60, 79).

[174] M. Von Kreutzbruck, K. Allweins, and C. Heiden, "Fluxgate-magnetometer for the detection of deep lying defects," in *Proc. of the 15th World Conference on Non-Destructive Testing*, 2000, pp. 1–5. [Online]. Available: http://www.ndt.net/article/wcndt00/papers/idn291/idn291.htm
(Seite 16).

[175] H. Wang, W. Li, and Z. Feng, "A Compact and High-Performance Eddy-Current Sensor Based on Meander-Spiral Coil," *IEEE Transactions on Magnetics*, vol. 51, no. 9, pp. 1–6, 2015.
(Seite 121).

[176] K. Weise, "Advanced modeling in lorentz force eddy current testing," Dissertation, Technische Universität Ilmenau, Ilmenau, Germany, 2016.
(Seiten 16, 20, 22, 26, 26).

[177] K. Weise, M. Carlstedt, M. Ziolkowski, and H. Brauer, "Uncertainty Analysis in Lorentz Force Eddy Current Testing," *IEEE Transactions on Magnetics*, vol. 52, no. 3, 2016, Art. ID 6200104.
(Seite 24, 24).

[178] K. Weise, R. Schmidt, M. Carlstedt, M. Ziolkowski, H. Brauer, and H. Toepfer, "Optimal Magnet Design for Lorentz Force Eddy Current Testing," *IEEE Transactions on Magnetics*, vol. 51, no. 9, 2015, Art. ID 6201415.
(Seiten 23, 24).

[179] K. Weise, M. Ziolkowski, M. Carlstedt, H. Brauer, and H. Toepfer, "Oscillatory Motion of Permanent Magnets Above a Conducting Slab," *IEEE Transactions on Magnetics*, vol. 51, no. 10, 2015, Art. ID 7209113.
(Seite 23).

[180] B. Wincheski and M. Namkung, "Deep flaw detection with giant magnetoresistive (GMR) based self-nulling probe," *AIP Conference Proceedings*, vol. 509, no. 1, pp. 465–472, 2000.
(Seite 16).

[181] B. Wincheski, F. Yu, J. Simpon, P. Williams, and K. Rackow, "Development of SDT sensor based eddy current probe for detection of deep fatigue cracks in multi-layer structure," *NDT & E International*, vol. 43, no. 8, pp. 718–725, 2010.
(Seite 16).

[182] J. Wu, K. Li, G. Tian, J. Zhu, Y. Gao, C. Tang, and X. Chen, "Motion-induced eddy current thermography for high-speed inspection," *AIP Advances*, vol. 7, no. 8, 2017, Art. ID 085105.
(Seite 17, 17).

[183] W. Wu, Z. Liu, and Y. He, "Classification of defects with ensemble methods in the automated visual inspection of sewer pipes," *Pattern Analysis and Applications*, vol. 18, no. 2, pp. 263–276, 2015.
(Seite 7).

[184] C. Xiao and Y. Zhang, "A method of magnetic scanning imaging for detecting defects in ferromagnetic materials," *Measurement Science and Technology*, vol. 22, no. 2, 2011, Art. ID 025503.
(Seite 19).

[185] X. Xu, M. Liu, Z. Zhang, and Y. Jia, "A novel high sensitivity sensor for remote field eddy current non-destructive testing based on orthogonal magnetic field," *Sensors*, vol. 14, no. 12, pp. 24 098–24 115, 2014.
(Seite 17).

[186] C. Ye, Y. Huang, L. Udpa, and S. S. Udpa, "Novel Rotating Current Probe With GMR Array Sensors for Steam Generate Tube Inspection," *IEEE Sensors Journal*, vol. 16, no. 12, pp. 4995–5002, 2016. (Seite 17, 17).

[187] C. Ye, L. Udpa, and S. Udpa, "Optimization and Validation of Rotating Current Excitation with GMR Array Sensors for Riveted Structures Inspection," *Sensors*, vol. 16, no. 9, 2016, Art. ID 1512. (Seiten 17, 121).

[188] C. Ye, J. Xin, Z. Su, L. Udpa, and S. S. Udpa, "Novel Transceiver Rotating Field Nondestructive Inspection Probe," *IEEE Transactions on Magnetics*, vol. 51, no. 7, pp. 1–6, 2015. (Seite 17).

[189] N. Yusa, H. Hashizume, R. Urayama, T. Uchimoto, T. Takagi, and K. Sato, "An arrayed uniform eddy current probe design for crack monitoring and sizing of surface breaking cracks with the aid of a computational inversion technique," *NDT & E International*, vol. 61, pp. 29–34, 2014. (Seite 17).

[190] M. Zec, "Theory and Numerical Modelling of Lorentz Force Eddy Current Testing," Dissertation, Technische Universität Ilmenau, Ilmenau, Germany, 2013. (Seite 20).

[191] M. Zec, R. P. Uhlig, M. Ziolkowski, and H. Brauer, "Differentieller Sensor, Prüfsystem und Verfahren zur Detektion von Anomalien in elektrisch leitfähigen Materialien," EU Patent EP2 893 336 A1, 2015. (Seite 25).

[192] K. Zhang, Y. He, and Z. Dong, "Pulsed Eddy Current Nondestructive Testing for Defect Evaluation and Imaging of Automotive Lightweight Alloy Materials," *Journal of Sensors*, vol. 2018, no. 1, pp. 1–11, 2018. (Seite 16).

[193] F. Zhi-hong, H. Di-qiu, and W. Hong, "Friction stir welding of aluminum alloys," *Journal of Wuhan University of Technology: Materials Science Edition*, vol. 19, no. 1, pp. 61–64, 2004. (Seite 25).

[194] K. Zimmermann, E. Gerlach, I. Zeidis, J. M. Otterbach, H. Töpfer, H. Brauer, M. Ziolkowski, and R. Schmidt, "Mechanical Modeling and Simulation of a Portable System for Motion Induced Eddy Current Testing," *Problems of Mechanics - International Scientific Journal of IFToMM*, vol. 72, no. 3, pp. 17–28, 2018. (Seite 66).

[195] M. Ziolkowski, J. M. Otterbach, R. Schmidt, H. Brauer, and H. Toepfer, "Numerical Simulations of Portable Systems for Motion-Induced Eddy Curret Testing," in *Book of Abstracts, the 22nd International Conference on the Computation of Electromagnetic Fields (COMPUMAG), Paris, France*, 2019, pp. 1–2. (Seite 72).